ATOM-U-BOOTE DER U.S. NAVY

SEIT 1954

Lutz A. Kowalzick

Motor buch Verlag

Einbandgestaltung: Luis dos Santos

Bildnachweis: Alle hier verwendeten Fotos und Illustrationen stammen, sofern nicht ausdrücklich anders angegeben, aus für die Öffentlichkeit freigegebenen Beständen der U.S. Navy und sind als Werke der Regierung der Vereinigten Staaten gemeinfrei.
Das Titelbild zeigt die Besatzung der USS »Olympia« (SSN-717) der Los-Angeles-Klasse während eines »swim calls« im Pafizik im Juli 2018. (U.S. Navy photo by Fire Control Technician Senior Chief Vien Nguyen). Titelmotiv oben: USS »Henry M. Jackson« (SSBN-730) vor der Küste Washingtons (U.S. Navy photo by Mass Communication Specialist 2nd Class Victoria Foley). Rückseite, Hauptmotiv: »USS Montana« (SSN-794) bei der See-Erprobung im Atlantik, Februar 2022 (U.S. Navy photo courtesy of HII by Ashley Cowan) sowie »USS Helena« (SSN-725) im Atlantik (U.S. Navy photo by Mass Communication Specialist 1st Class Rafael Martie/Released) und USS »Ohio« (SSGN-726) in der Pilippinischen See (U.S. Marine Corps photo by Sgt. Audrey M. C. Rampton).

ISBN 978-3-613-04660-3

1. Auflage 2024

Sie finden uns im Internet unter www.motorbuch-verlag.de

Lektorat: Bernd Keidel
Innengestaltung: WS – WerbeService Linke, 76185 Karlsruhe
Druck und Bindung: Florjancic tisk d.o.o., Maribor, Slowenien

Inhalt

Vorwort

Lutz A. Kowalzick (vorne rechts) mit einer Delegation der Patenstadt Plauen auf U 36 (Klasse 212 A) der Deutschen Marine nach einer Tauchfahrt in Eckernförde. Foto: Hartl/Deutsche Marine.

Lutz A. Kowalzick und Wilhelm M. Donko haben im Motorbuch Verlag bereits gemeinsam zwei Bücher über die Patrouillenschiffe der US Navy und die Schiffe der US Coast Guard veröffentlicht.
Beide vereint das große Interesse an der Geschichte und dem Schiffsbestand der aktuell noch weitaus größten Seemacht der Welt. Wilhelm M. Donko hat darüber hinaus in diesem Verlag zwei weitere Bücher über die Landungsschiffe bzw. die Minensucher der US Navy herausgebracht.
Das Thema schließt an die von 1965 bis 2003 erschienenen Bücher von Stefan Terzibaschitsch (*1926 Belgrad, † 2010 Leonberg) über die US Navy an. Die etwa 30 Bücher des »Marineenthusiasten« (Eigenbezeichnung im Titel seiner launigen Autobiografie 2006) umfassten Beschreibungen und Monografien zu Flugzeugträgern, Schlachtschiffen, Kreuzern, Zerstörern, Geleitzerstörern, konventionellen U-Booten, Waffensystemen, dem fliegenden Material und – zuletzt im Eigenverlag – zu Landungsschiffen, Hilfsschiffen und Hafenfahrzeugen der US Navy. Diese beinhalteten neben Schiffslisten und Klassenbeschreibungen sowie Skizzen auch Fotomaterial zur Schiffserkennung. Terzibaschitsch orientierte sich stets und ausschließlich nach dem weltweit so einmaligen Schiffs-Klassifikations-System mit Buchstaben und (Rumpf-) Nummern der US Navy. In dem vorliegenden Buch sollen jetzt noch die Atom-U-Boote der Navy seit 1954 abgehandelt werden, über die Terzibaschitsch noch keine zusammenfassende Darstellung verfasst hat und über die es noch keine spezifische umfassende Publikation im deutschsprachigen Raum gibt.
Jede einzelne Klasse wird in Kurzform inhaltlich abgehandelt, mit einer knappen Beschreibung zur Schiffserkennung und allgemeinen, aber nur rudimentären technischen Angaben. Dazu kommen möglichst aussagekräftige Fotos zur Schiffserkennung jeder einzelnen Klasse und die listenmäßige Erfassung jedes einzelnen nuklear angetriebenen U-Bootes und U-Schiffes anhand der »SSxN«-Klassifikation. Darüber hinaus findet ein nuklear angetriebenes Forschungs-U-Boot Berücksichtigung. Dabei werden für jede Einheit noch folgende Informationen angehängt: Bauwerft, Name – soweit einer vergeben wurde – und sämtliche Umklassifizierungen innerhalb der US Navy. An fremde Marinen oder zivile Institutionen wurden nuklear angetriebene Einheiten der US Navy nicht abgegeben.

Der Autor dankt Herrn Botschafter Wilhelm M. Donko für die Anregungen zu diesem Buch und für seine Unterstützung insbesondere beim Verfassen der Abschnitte 2 und dem Anhang, dem Motorbuch Verlag für das Interesse an diesem Thema zur US Navy, sowie insbesondere Herrn Joachim Kuch von der Programmleitung und Herrn Bernd Keidel für die professionelle Betreuung bei der Umsetzung auch dieses Projektes.

Lutz A. Kowalzick
Plauen, im Winter 2023/2024

1. Einführung

Die Atom-U-Boote der US Navy werden nachstehend nach Kategorien und Aufgabenstellung in ihren einzelnen Klassen beschrieben. Unter Atom-U-Booten werden hier solche U-Boote und U-Schiffe verstanden, die über einen atomaren bzw. nuklearen Antrieb verfügen. Atomar bzw. nuklear bewaffnete Boote und Schiffe können auch über einen konventionellen Antrieb verfügen. Es ist jedoch wahrscheinlich, dass die Atom-U-Boote der US Navy heute sämtlich auch konventionell und nuklear bewaffnet sind (ballistische Raketen, Marschflugkörper, Seezielflugkörper, Torpedos). Die Abgrenzung von U-Schiffen zu U-Booten wird von manchen Autoren bei 10.000 Tonnen angegeben. Die Reihenfolge der Darstellung der Einheiten und Schiffs-Klassen erfolgt grundsätzlich in der Nummerierung in der jeweiligen Klassifizierungs-Kategorie bzw. Schiffsklasse, eine Ausnahme stellen einige später umklassifizierte Einheiten und die SSN-21-Klasse dar. Zu jeder Klasse gibt es eine einfache Beschreibung der technischen Grunddaten, die aber bewusst nicht sehr ins Detail geht; die Technik der Schiffe ist kein Schwerpunkt dieses Buches. Des Weiteren folgt eine kurze Beschreibung zur Schiffserkennung. Danach werden für jedes Schiff der Klasse in den angehängten Tabellen noch einheitlich folgende Angaben gebracht:

- Klassifikation in der U.S. Navy
- Bauwerft(en)
- Namen
- Stapelläufe
- Wasserverdrängung
- Abmessungen
- Geschwindigkeit
- Antriebsanlage
- Verluste durch Unfälle
- Außerdienststellung

Zu allen Klassen finden sich außerdem aussagekräftige und meist relativ großformatige Fotos zum Aussehen der Schiffe und zur Schiffserkennung, die fast durchwegs aus dem offiziellen Archivbestand der US Navy stammen.

Lutz A. KOWALZICK, Prof. Dr.med.habil., geboren 2.3.1957 in Brandenburg an der Havel und in Hamburg aufgewachsen. Studium der Humanmedizin, Promotion und Habilitation und Ernennung zum apl. Professor an der Universität Hamburg. Nach dem Wehrdienst war er von 1982 bis 1994 Wissenschaftlicher Mitarbeiter an der dortigen Medizinischen Fakultät. Von 1995 bis 2019 Chefarzt und von 2006 bis 2013 Ärztlicher Direktor am Vogtland-Klinikum in Plauen. Er war Reservestabsoffizier und ist 1. Vorsitzender der Marinekameradschaft Plauen/Vogtland von 1899 im Deutschen Marinebund und Mitglied der International Submarine Connection U 156 Plauen (ISCP) sowie der Deutschen Gesellschaft für Wehrmedizin und Wehrpharmazie. Zahlreiche Artikel und Buchveröffentlichungen zu medizinischen, marine- und zeitgeschichtlichen Themen.

2. Das Klassifikationssystem der U.S. Navy

Juli 1920: Inkrafttreten des modernen Klassifikationssystems der U.S. Navy

Die US Navy führte am 17. Juli 1920 ihr modernes Klassifikationssystem ein. Davor gab es ab 1885 aber bereits eine Art Vorläufer, ein Registrierungssystem basierend auf dem Schiffstyp und einer Art Serien- oder Identifikationsnummer, um Verwechselungen der Schiffe bei Namensgleichheit zu vermeiden. Jedes Schiff erhielt nach der ausgeschriebenen Bezeichnung des Schiffstyps eine Nummer, die in Klammern daran angehängt wurde, also z. B.: USS »Yorktown« (Gunboat Nr. 1).

Während des Ersten Weltkrieges erwarb die Navy eine große Vielfalt von zuvor privaten und teilweise sehr kleinen Schiffen und Fahrzeugen zur Verwendung als Patrouillenschiffe, Minenkriegsschiffe und dazu verschiedene Arten von Hilfsschiffen. Von diesen hatten einige idente Namen oder deren Namen hatten bereits früher in der US Navy existiert. Um Verwechselungen zu vermeiden, erhielten sie nun sogenannte Identifikationsnummern (»Identification numbers«), die meist mit »Id. Nr.« oder nur »ID« abgekürzt wurden,

In dem neuen, ausgereifteren System ab Juli 1920 bestehen alle Klassifizierungssymbole aus mindestens zwei großgeschriebenen Buchstaben. Bei den wichtigsten Grundtypen wird der erste Buchstabe verdoppelt, wie BB (Battleship – Schlachtschiff) oder DD (Destroyer – Zerstörer), SS (U-Boote) mit einigen Ausnahmen, die aus der Zeit heraus zu erklären sind. Der heutige Typ Flugzeugträger, also CV, wurde etwa ursprünglich vom Kreuzer (als Aufklärungsschiff) abgeleitet, wobei das C für Kreuzer und das V für Aviation stand. Auch die Minenleger, also CM, wurden ursprünglich vom Kreuzer (Minenkreuzer) abgeleitet, wobei das C für Kreuzer und das M für Minelaying oder Mines steht.

Der Großbuchstabenkombination folgt dann nach einem Bindestrich eine in der Regel nur einmal vergebene Nummer, wobei das erste Schiff des Klassifikations-Typs die Nummer »1« erhält, alle weiteren fortlaufend nach Inbaugabe nummeriert werden. Nummern, die für stornierte, nicht fertiggestellte oder exportierte Einheiten vergeben wurden, werden nicht erneut vergeben, sodass Lücken in der fortlaufenden Nummerierung der für die US Navy in Dienst gestellten Schiffe und Boote entstehen.

Bei den U-Booten besteht jedoch die Besonderheit, dass alle diese Einheiten unabhängig von ihrer Klassifikations-Unterkategorie nach Inbaugabe fortlaufende Nummern erhielten. Lediglich ab 1995 wurden drei Hochtechnologie-U-Boote mit SSN-21 bis SSN-23 nummeriert, obwohl ab 1909 bereits drei Boote als SS-21 bis SS-23 in Auftrag gegeben worden waren. Diese Art der Klassifikation sollte nicht als marinebürokratische Marotte oder als eine Art zusätzlicher Verwaltungsaufwand gesehen werden; die schiere Anzahl der Schiffe und Boote machte sie in der US Navy zu einer zwingenden Notwendigkeit, um den Überblick über einzelne Schiffe, Klassen und Typen besser zu behalten und zu organisieren. Allein im Zweiten Weltkrieg dienten in der Navy insgesamt etwa 4,2 Millionen Personen in Uniform, die auf etwa 65.000 schwimmenden Untersätzen eingesetzt waren, vom Flugzeugträger bis zum kleinen Landungs- oder Patrouillenboot. Die Klassifikation gibt dem Fachmann sofort einen groben Hinweis, um welche Einheit es sich in etwa handelt, welche Größe, Eigenschaften und Leistungsvermögen man sich erwarten konnte; mit den Schiffsnamen allein wäre die Organisation ungleich schwieriger gewesen.

SS	Submarine, first line
OSS	Submarine, second line
SF	Fleet Submarine, first line
OSF	Fleet Submarine, second line
SC	Cruiser Submarine
SM	Minelaying Submarine

Von diesen wurden die Klassifikations-Kategorien OSS und OSF nie vergeben. 1931 wurden die bisherigen SF und SC zu SS mit neu vergebenen Nummern umklassifiziert, bzw. ab 1932 schon als SS in Dienst gestellt. Ein SF wurde 1932 zu SM und 1942 zu **APS** (Transport Submarine / Transport-U-Boot) umklassifiziert.

Die Verordnung 5030.1E des Marineministers vom August 1968

Die Verordnung bzw. Instruction 5030.1E des Marineministers vom 14. August 1968 ist ein Schlüsseldokument zur Einteilung auch der Minenleger, die auch in ihren Grundzügen heute noch gültig ist. Sie beschreibt die einzelnen Klassifikationen in einem umfassenden Anhang, aufgegliedert in vier Kategorien:

1. List of Combat Ship Classifications
2. List of Combat Craft Classifications
3. List of Auxiliary Ship Classifications
4. List of Service Craft Classifications

Die Kategorie 1, also Kampfschiffe, ist selbst wieder in drei Gruppen unterteilt:
1. Warships
2. Amphibious Warships
3. Mine Warfare Ships

In der Gruppe 1 Warships (Kriegs-Schiffe) werden aufgeführt:
SS Submarine
SSN Submarine (nuclear propulsion)
SSBN Fleet Ballistic Missile Submarine (nuclear propulsion)
SSG Guided Missile Submarine

In der Gruppe 2 Amphibious Warfarehips (Amphibische Kriegsführungs-Schiffe) wird beispielsweise aufgeführt:
LPSS Amphibious Transport Submarine

In der Kategorie 3, also Hilfs-Schiffe, die nicht weiter in Gruppen unterteilt ist, findet sich:
AGSS Auxiliary Submarine

In der Kategorie 4, also Dienst-Einheiten, die nicht weiter in Gruppen unterteilt ist, findet sich noch:
SST Target and Training Submarine (self propelled)

Ab 1946 waren noch die Klassifikations-Kategorien:
SSK Hunter-Killer Submarine
SSGN Guided Missile Submarine (nuclear propulsion)
SSR Radar Picket Submarine
SSRN Radar Picket Submarine (nuclear propulsion)
SSA Cargo Submarine
SSO Submarine, Oiler
AOSS Submarine, Oiler (aus SSO)
SSP Submarine, Transport (z.T. aus APS)
ASSP Transport Submarine (z.T. aus SSP)
APSS Submarine Transport (z.T. aus ASSP)

eingeführt worden. Bis 1968 wurden die betreffenden Einheiten, so noch im Dienst, nach SS, AGSS, bzw. SSN umklassifiziert.

Nach 1968 kam 1971 noch neu die Klassifikations-Kategorie:
IXSS Unclassified Miscellaneous Submarine

hinzu. Die Kategorie SSGN wurde 2005 wieder eingeführt.

In diesem Buch werden U-Boote und U-Schiffe aus folgenden Klassifikations-Kategorien der U.S. Navy behandelt:
SSBN Fleet Ballistic Missile Submarine (nuclear propulsion)
SSGN Guided Missile Submarine (nuclear propulsion)
SSN Submarine (nuclear propulsion)
SSRN Radar Picket Submarine (nuclear propulsion)

Einzelne Einheiten, die in diesem Buch behandelt werden, wurden nach Umbauten anderen Einsatz-Rollen und somit neuen Klassifikations-Kategorien zugeteilt. Diese werden jeweils dort noch einmal gesondert aufgeführt.

3. Anmerkungen zur Entwicklung, Geschichte und dem Bestand der U.S. Atom-U-Boote

Porträtgemälde von Admiral Hyman George Rickover, dem »Vater« der US-Atom-U-Boote (1900 – 1986).

Die Entwicklung der US-Atom-U-Boote ist eng mit dem Namen von US-Vize-Admiral Hyman G. Rickover verbunden. Dieser war wesentlich an der Entwicklung der US-amerikanischen Reaktoren für zivile Atomkraftwerke und an der Forschung zum Einbau dieser Technik in Marineschiffe, speziell in U-Boote, beteiligt. Er arbeitete seit 1949, teilweise zur selben Zeit, sowohl für die zivile Amerikanische Atomenergie-Kommission, als auch als Direktor der Abteilung für Reaktorentwicklung im Schiffbauamt der US Navy. Erst 1982 wurde er im Alter von 82 Jahren als längstdienender Offizier in der Geschichte der US Navy in den Ruhestand versetzt. Zwei Jahre vor seinem Tod wurde 1983 zu seinen Ehren das Angriffs-Atom-U-Boot SSN-709 auf den Namen *USS Hyman G. Rickover* getauft. Rickover blieb zeitlebens ein Befürworter und Apologet der zivilen und militärischen nuklearen Reaktortechnologie.

Atom-U-Boote konnten, anders als die zeitgenössischen konventionell angetriebenen U-Boote, weil außenluftunabhängig monatelang, auch unter Schnorcheltiefe getaucht fahren, und sie sind deshalb praktisch kaum zu lokalisieren. Auch sind sie schneller als vergleichbare diesel-elektrisch angetriebene Boote. Erst die Außenluft-unabhängigen Antriebe (AIP), die zuerst 2005 mit der deutschen Klasse 212A in Dienst kamen, erlauben es auch nicht-nuklear angetriebenen U-Booten, mehrere Wochen unter Schnorchel-Tiefe getaucht zu bleiben.

Unter Rickovers Leitung wurden zunächst zwei Prototypen, *USS Nautilus* und *USS Seawolf* von Angriffs-Atom-U-Booten (SSN) mit jeweils technologisch grundsätzlich unterschiedlichen Reaktortypen gebaut und ab 1955 in Dienst gestellt.

USS Cobbler, *SS-344, Boot der konventionellen* Balao-*Klasse aus dem Zweiten Weltkrieg, hier 1949 nach GUPPY II (greater underwater propulsion) -Umbau mit Schnorchel und hydrodynamisch optimierten Turm und Steven nach dem Vorbild der deutschen Typ XXI-Boote aus der Endphase des Zweiten Weltkrieges.*

FGS Wilhelm Bauer, *Y-880, ex-* U-2540, *deutsches U-Boot vom Typ XXI von 1945, hier 1970 nach kleineren Turm-Umbauten nach dem Krieg als Erprobungsschiff bei der Bundesmarine. Es liegt heute als Museumsschiff in Bremerhaven. Der innovative Typ mit Schnorchel und optimierter stromlinenförmiger Rumpf- und Turmform diente als Vorbild für die Nachkriegs- Um- und Neubauten von Angriffs-U-Booten der US Navy und anderer Marinen. (Foto: Bundesarchiv)*

SSG-282, USS Tunny *(ex-SS-282); 1953 zum Träger für Regulus-Lenkwaffen umgebautes und umklassifiziertes Flotten-U-Boot der* Gato*-Klasse, noch mit ursprünglicher Stevenform und großem Hangar für Regulus-Lenkwaffen hinter dem Turm. Nach Aufgabe des Regulus-Programms diente der Hangar für Navy SEALs-Kommandounternehmen, ein Vorläufer späterer Drydock Shelters (DDS) auf Atom-U-Booten (SSGN und SSN).*

Die Rumpfform dieser beiden U-Boote folgte noch dem Vorbild des deutschen Typs XXI, wie auch die konventionellen U-Boot-Neubauten der US Navy nach dem Kriegsende 1945. Der Reaktortyp der *USS Nautilus* erwies sich als überlegen und wurde zum Ausgangspunkt der Reaktorentwicklung aller künftigen US Atom-U-Boote. Die *USS Nautilus* zeigte ihren Wert auch 1958 durch die erste getauchte Passage des Nordpols unter dem Eis.

Während die Rumpfform der folgenden *Skate*-Klasse und der großen SSRN-586 USS Triton, dem bislang einzigen US Atom-U-Boot mit zwei Reaktoren, noch der *USS Nautilus* entsprachen, wurden die folgenden Klassen ab der *Skipjack*-Klasse von 1959 mit einer für die Unterwasserfahrt weiter optimierten Tropfenform und später in der noch moderneren Zigarrenform gebaut. Diese war zunächst ab 1953 mit dem konventionell angetriebenen Forschungs-U-Boot AGSS-569 *USS Albacore* erprobt worden. Lediglich das nuklear angetriebene Einzelschiff SSGN-587 *USS Halibut* von 1960 hatte später noch die alte Rumpfform. Die *USS Tullibee* aus dem gleichen Jahr erhielt noch einen Satteldeck-ähnlichen Aufbau auf den bereits tropfenförmigen Rumpf aufgesetzt. Eine wesentliche Aufgabe der nuklear angetriebenen Angriffs- und Jagd-U-Boote (SSN) war und ist, neben der Bekämpfung feindlicher Überwasserschiffe und Angriffs-U-Boote, die Detektion, die Verfolgung und im Kriegsfall auch die Versenkung gegnerischer strategischer Raketen-U-Boote (SSBN) vor dem Start ihrer ballistischen

USS Tang, *SS-563, Typschiff der letzten größere Klasse nicht-nuklear angetriebener U-Boote der US Navy. Diese umfasste sechs Angriffs-U-Boote, die von 1951 bis 1983 in Dienst waren. Die noch für Überwasserfahrt optimierte Rumpfform wurde aus den GUPPY-Booten hergeleitet.*

USS Barracuda, ex -K-1, *SSK-1, von 1951, eines von drei speziell zur U-Boot-Jagd entwickelten U-Booten mit großem Sonarkessel am Bug, die teilweise bis 1973 in Dienst blieben.*

Raketen mit Nuklearsprengköpfen.

Bereits ab 1959 stellte die US Navy drei Atom-U-Boote, die ursprünglich als Einheiten der *Skipjack*-Klasse in Bau gegeben wurden, und in die nachträglich eine Sektion mit 16 Startschächten für nukleare ballistische Interkontinental-Raketen (ICBM) oder für seegestützte ballistische Raketen (SLBM) eingebaut wurde, als *George Washington*-Klasse in Dienst. Das eingebaute Raketensilo führte durch eine flache Sattelbildung zu einer teilweisen Abkehr von der hydrodynamisch idealen reinen Tropfenform des Rumpfs. Es waren weltweit die ersten nuklear angetriebenen strategischen Raketen-U-Boote (SSBN). Die Boote wurden konstruktiv zum Ausgangspunkt der Entwicklung aller folgenden Klassen dieser Kategorie. Die SSBN waren und sind die klassische »Zweitschlagswaffe« zur Antwort auf einen nuklearen Angriff, da sie weitestgehend unentdeckbar und unangreifbar in den Weiten der Weltmeere patrouillieren und getaucht ihre ICBM/SLBM abfeuern können. Insofern dienen sie bis heute als zentrales Element der nuklearen Abschreckung. Zuvor hatte bereits die Sowjetunion ab 1955 dieselelektrisch angetriebene strategische Raketen-U-Boote in Dienst gestellt, die allerdings – im Gegensatz zu den US-Schiffen – nur im prinzipiell lokalisierbaren, aufgetauchten Zustand ihre Interkontinental-Raketen abfeuern konnten. Erst Ende 1960 wurden auch die ersten drei sowjetischen SSBN in Dienst gestellt – das Gleichgewicht der Abschreckung war wieder hergestellt. Während der Kuba-Krise 1962 waren acht SSBN der US Navy in erhöhte Einsatzbereitschft versetzt. Die US-SSBN, auch als »Boomer« bezeichnet, wurden von Klasse zu Klasse immer größer und schwerer, wie auch die auf ihnen stationierten ICBM/SLBM. Spätestens ab der *Ohio*-Klasse von 1981 mit rund 17.000 Tonnen (getaucht 19.000 Tonnen) kann man von U-Schiffen sprechen. Dies gilt auch für die gegenwärtig bereits begonnene, noch etwas schwerere nachfolgende *District of Columbia*-Klasse, die ab 2030 im Dienst gestellt werden und bis 2080 aktiv bleiben soll.

Die erste Generation der an Bord der SSBN eingesetzten ICBM/SLBM Nuklearraketen stellten ab 1960 die Polaris-Raketen dar. Die Polaris-Typen A1 und A2 hatten ein Startgewicht von 13 bis 14,8 Tonnen, eine Länge von 8,7 bis 9,5 und einen Durchmesser von 1,37 Metern, eine Reichweite von 1.850 und 2.775 Kilometern und trugen nur einen nuklearen Sprengkopf zum Wiedereintritt in die Atmosphäre. Der Typ Polaris A3 mit einem Gewicht von 16,2 Tonnen, einer Länge von 8,9 Metern und einer Reichweite von 4.625 Kilometern konnte drei unabhängig steuerbare Mehrfach-Sprengköpfe (MIRV) tragen. Die zweite Generation der an Bord der SSBN eingesetzten ICBM/SLBM stellten ab 1971 die Poseidon-Raketen dar. Diese hatten ein Startgewicht von 29,2 Tonnen, eine Länge von 10,4 Metern, einen Durchmesser von 1,9 Metern und eine Reichweite von 4.600 bis 5.900 Kilometern – abhängig von einer Beladung mit 14 oder zehn MIRV-Sprengköpfen. Die dritte Generation der an Bord der SSBN eingesetzten ICBM/SLBM stellten seit 1979 die Trident-Raketen dar. Die Polaris-Typen I (C4) und II (D5) haben ein Startgewicht von 33,1 bis 59 Tonnen, eine Länge von 10,2 bis 13,6 Meter und einen Durchmesser von 1,8 bis 2,1 Metern und eine Reichweite von 7.400 bis 12.000 Kilometern. Sie können zwischen acht und bis zu 14 MIRV-Sprengköpfe tragen. Gegenwärtig werden die Trident II (D5)-Raketen sukzessiv Lebensverlängerungsprogrammen unterzogen.

USS Sailfish, *SSR-572. Sie wurde 1956 als eines von zwei Radar-Frühwarn-U-Booten gebaut, die im Wesentlichen vergrößerte Variante der Tang-Klasse waren. Bereits 1961 wurden nach Einführung der trägergestützten Radar-Frühwarn-Flugzeuge die Radaranlagen entfernt.*

USS Growler, *SSG-577, von 1958. Sie war eines von zwei ursprünglich als Einheiten der Tang-Klasse geplanten Booten, die als Träger für Regulus-Lenkwaffen mit waagerechten Decks-Hangars und Startrampe fertiggestellt wurden. Dieses Konzept wurde nach Einführung der U-Boote mit strategischen Interkontinentalraketen in senkrechten Startschächten (SSBN) 1964 zunächst aufgegeben.*

USS Albacore, *AGSS-569, von 1953 – ein unbewaffnetes, konventionell angetriebenes Experimental-U-Boot zur Erprobung der für die Unterwasserfahrt optimierte tropfenförmige Rumpfform.*

USS Barbel, *SS-580, Typschiff der letzten Klasse dieselelektrisch angetriebener Angriffs-U-Boote der US Navy. Diese umfasste drei Boote, die von 1959 bis 1989 in Dienst waren. Auch sie hatten die tropfenförmige Rumpfform und bereits bald schon die Tiefenruder seitlich am Turm.*

Start einer Regulus-Lenkwaffe von USS Halibut*, SSGN-587, im Jahr 1960. Im Hintergrund* USS Lexington*, CV-16, ein Träger der* Essex*-Klasse.*

FGS U 36*, S-186, U-Boot der Deutschen Marine der Klasse 212A mit außenluftunabhängigem Antrieb (AIP), einer neueren Alternative zum Nuklearantrieb von U-Booten, die ebenfalls mehrwöchige ununterbrochene und zudem leisere Tauchfahrten ermöglicht. Hier beim Taufakt durch die Partnerin des Plauener Oberbürgermeisters 2013 in Kiel. (Foto: Deutsche Marine)*

Ein Harpoon-Seezielflugkörper wird 2018 in den Torpedoraum von USS Olympia*, SSN-717, geladen.*

Die bereits erwähnte *USS Triton* wurde ursprünglich als Radar-Frühwarn-U-Boot konzipiert und fertiggestellt. Sie war eine stark verlängerte nukleare Version der konventionell angetriebenen *Sailfish*-Klasse von 1956. Im Jahr 1960 führte sie die erste Weltumrundung eines getaucht fahrenden U-Bootes durch. Nachdem die Navy das System der Radar-Frühwarnschiffe durch Trägerflugzeuge ersetzt und aufgegeben hatte, wurde die Radareinrichtung entfernt und das Boot 1961 zum Angriffs-U-Boot (SSN) umklassifiziert.

Die ebenfalls bereits erwähnte *USS Halibut* wurde ursprünglich als Lenkwaffen-U-Boot (SSGN) konzipiert und fertiggestellt. Sie war eine etwas längere nukleare Version der konventionell angetriebenen *Greyback*-Klasse von 1958. Nachdem das Regulus-System – eine Weiterentwicklung der deutschen V-2 und damit der Marschflugkörper – auch zur nuklearen Abschreckung, zunächst aufgegeben wurde, entfernte man die Rakenteneinrichtung (Hangar und Startrampe) und das Boot wurde 1965 zum Angriffs-U-Boot (SSN) umklassifiziert.

Spätere Angriffs-U-Boote ab der *Sturgeon*-Klasse konnten Seezielflugkörper, Marschflugkörper und Anti-U-Boot-Raketen aus ihren Torpedorohren, ab der *Los Angeles*-Klasse zum Teil auch aus vertikalen Startrohren abschießen. Aus U-Booten abgefeuerte Tomahawk-Cruise Missiles (Marschflugkörper) wurden in den Golf-Kriegen und im Afghanistan-Krieg gegen Landziele eingesetzt. Ein bis zwei Angriffs-Atom-U-Boote der US Navy sind regelmäßig auch Bestandteil ihrer Flugzeugträger-Kampfgruppen.

In Umsetzung der strategische Waffen-Begrenzungs- bzw. Reduzierungs-Abkommen (SALT, START) zur Rüstungskontrolle der nuklearen strategischen Waffen, wurden bei einigen der ursprünglich als strategische Raketen-U-Boote (SSBN) gebauten und in Dienst gestellten Einheiten die Raketenschächte stillgelegt und unbrauchbar gemacht. Ab 1980 wurden diese Schiffe dann zu Angriffs-U-Booten (SSN) oder – nach Einrichtung von Startschächten für Marschflugkörper und andere Lenkwaffen (*Ohio*-Klasse, ab 2006) – zu Atom-U-Booten (SSGN) umklassifiziert. Diesen Einheiten können auch fallweise hinter dem Turm bis zu zwei Hangars für Tauchergruppen und Transportmittel etwa der Navy SEALs tragen.Deren Einheiten können so getaucht unter Wasser eingesetzt werden.

Vertikale Startschächte (VLS), beispielsweise für Tomahawk-Marschflugkörper, die ab den späteren Einheiten der Los Angeles-*Klasse in Angriffs-U-Boote eingebaut wurden. Hier 1991 auf* USS Oklahoma City*, SSN-723.*

1997 wurde das erste Angriffs-Atom-U-Boot (SSN) der neuen *Seawolf*-Klasse in Dienst gestellt. Diese »Super-U-Boote« sollen über überragende akustische und sonstige Stealth-Eigenschaften verfügen. Die Systematik-widrige Nummernbezeichnung sollte wohl signalisieren, dass diese Boote eine neue Klasse für das 21. Jahrhundert definieren sollten. Typisch für diese Schiffe ist die kurvenförmig ansteigende Front des U-Boot-Turms.

Die dritte, deutlich längere Einheit dieser Klasse mit getaucht rund 12.000 Tonnen muss bereits als U-Schiff bezeichnet werden. Da der Bau dieser drei Einheiten offensichtlich finanziell jeden Rahmen sprengte, wurden die folgenden SSN in einer »abgespeckten« Version als *Virginia*-Klasse in Serie gebaut, in deren neuste Lose auch zusätzliche senkrechte Startzellen für Marschflugkörper und andere Lenkwaffen (VLS) eingebaut wurden, allerdings ohne dass die US Navy diese Einheiten als SSGN klassifiziert hatte.

Heute haben die nuklear angetriebenen U-Boote bei der US Navy die konventionell dieselelektrisch angetriebenen U-Boote vollständig verdrängt. Die letzten konventionell angetriebenen Angriffs-U-Boote (SS) der *Barbel*-Klasse von 1959 wurden 1990 außer Dienst gestellt. Seitdem ist die US Navy bei U-Jagd-Übungen mit prinzipiell leiseren, konventionell dieselelektrisch angetriebenen U-Booten auf solche der NATO-Partner – beispielsweise die seit 2002 in Dienst gestellte Klasse 212 A der Deutschen Marine – angewiesen. Zwei US Atom-U-Boote wurden jeweils mit ihrer gesamten Besatzung Totalverluste. Im Nordatlantik gingen 1963 die *USS Thresher* und 1968 die *USS Scorpion* verloren, vermutlich durch einen Rohrbruch beziehungsweise eine Torpedoex-

Unterwasser-Start eines Tomahawk-Marschflugkörpers aus dem VLS von USS Annapolis, *SSN-760, 2018 vor Südkalifornien.*

Neue u-förmige Abdeckung für mehrere VLS-Startschächte auf der USS Colorado, *SSN-788.*

Geöffnete Startschächte von strategischen Raketensilos auf USS Woodrow Wilson*, SSBN-624, im Jahr 1991.*

plosion. Außerdem sank die *USS Sargo* bereits 1960 im Hafen von Pearl Harbour nach einer Explosion im Torpedoraum mit einem Todesopfer. Das Boot konnte aber gehoben und repariert werden. Daneben gab es wiederholt Kollisionen und gelegentlich Austritte von Radioaktivität in die Umwelt.

Die Namensgebung der US Atom-U-Boote folgte zunächst der Tradition seit der Zwischenkriegszeit. Sie erhielten Namen von Fischarten und anderen Meereslebewesen. Bald wurden auch Namen von Persönlichkeiten aus der US- und der internationalen Geschichte, später auch die Namen von US-Kongressabgeordneten, die sich um die US Navy besonders verdient gemacht hatten, verwendet. Auch der »Vater« des US-Atom-U-Boot-Programms Admiral H.G. Rickover wurde auf diese Art geehrt.
Schließlich wurden auch Namen von US-amerikanischen Städten und Bundesstaaten verwendet, die vorher vor allem Kreuzern und Schlachtschiffen vorbehalten waren.
Die US-Atom-U-Boote bzw. ihre Flottillen (Squadrons, SUBRON) sind in Pearl Harbour/Hawaii (SUBRON 1&7), Apra Harbour/Guam (SUBRON 15), Kings Bay/Georgia (seit 2014, SUBRON 16&20), Kitsap (Bangor)/Washington (seit 2004, SUBRON 17&19), New London (Groton)/Connecticut (SUBRON 4&12), Norfolk/Virginia (SUBRON 9), Point Loma (San Diego)/California (SUBRON 11) stationiert. Geschlos-

Erster Teststart einer seegestützen strategischen Interkontinentalrakete (ICBM/SLBM) des Typs Polaris 1A. Unterwasserstart von Bord der USS George Washington*, SSBN-598, am 20. Juli 1960.*

Beladung eines Startschachtes von USS Ohio, *SSBN-726, mit einem Trident I (C4)-Container.*

Unterwasserstart einer Interkontinentalrakete (ICBM/SLBM) des Typs Poseidon C3 von Bord der USS Lafayette, *SSBN-616, am 2. September 1983.*

sen wurde 2014 die alte Basis in Bangor/Washington. »Forward-Bases« gibt es in Neapel/Italien (seit 1951), Manama/Bahrein (seit 2014, SUBRON 21) und vermutlich auch noch Yokusuka/Japan (seit 1945). Früher waren wichtige Forward Bases in Rota/Spanien (bis 1976, SUBRON16) und Holy Loch/Schottland (bis 1992, SUBRON 12) sowie La Maddalena/Italien (bis 2008, SUBRON 22) lokalisiert. SUBRON 16, 17, 20 und 19 umfassen gegenwärtig die strategischen Raketen-U-Boote.

Der Commander, Submarine Force Atlantic Fleet (COMSUBLANT) in Hampton Roads/Virginia ist auch der Typenkommandeur aller US-U-Boote (COMSUBFOR). Er untersteht dem Commander, U.S. Fleet Force Command (COMUSFF/CUSFFC/COMUSFLTCOM, früher: Atlantic Fleet, COMLANTFLT). Ihm unterstehen die im Atlantik und seinen Randmeeren stationierten SUBRON und der Commander, Submarine Force Pacific Fleet (COMSUBPAC) in Pearl Harbour/Hawaii, der Typenberater des Commander, Pacific Fleet (COMPACFLT), dem wiederum die im Pazifik und seinen Randmeeren stationierten SUBRON unterstehen. Die 2. bis 9. Flotte stellen den sechs Joint-Regionalkommandeuren (Unified Combatant Commands, UCCD) die Einheiten zur operativen Verfügung.

Angriffs-Atom-U-Boote sind ein typischer Bestandteil von Flugzeugträger-Kampfgruppen der US Navy. Hier USS Topeka, *SSN-754 an der Spitze der Carrier Strike Group von* USS Carl Vinson, *CVN-70, 2012 im Golf von Bengalen.*

Nachdem technologisch die Atom-U-Boote der US Navy jahrzehntelang ihren zeitgenössischen russische und chinesische Pendants deutlich überlegen waren, stellen neuste Entwicklungen dieser Staaten, die bereits heute oder in naher Zukunft U-Boot-gestützte Extrem-Langstrecken- und Hyperschall-Waffen (z. B. Zirkon-Seezielflugkörper oder Poseidon-Unterwasserdrohnen) einsetzen können, auch die Atom-U-Boot-Flotte der US Navy vor neue Herausforderungen.

Siegelwappen des Commander, Submarine Force Atlantic Fleet (COMSUBLANT).

Siegelwappen des Commander, Submarine Force Pacific Fleet (COMSUBPAC).

4. U.S. Atom-U-Boote nach Typen und Klassen

Wegen der überragenden strategischen Bedeutung der Atom-U-Boote sind viele technische Daten und Eigenschaften, insbesondere deren Unterwassergeschwindigkeit, geheim und können nur aus Schätzungen in der Literatur oder als offiziös mitgeteilte Mindest-Höchstgeschwindigkeiten (+) angegeben werden. Höchstgeschwindigkeit und Verdrängung werden jeweils für Überwasser/Unterwasserfahrt angegeben. Auch die Angaben über Reaktortypen, Antriebskraft und die Außenmaße weichen in den verschiedenen, meist inoffiziellen Quellen oft voneinander etwas ab.

4.1. Nukleare strategische Raketen-U-Boote (Fleet Ballistic Missile Submarine [nuclear propulsion], Submarine, Ballistic Missile, Nuclear, SSBN)

4.1.1 SSBN-598 George Washington-*Klasse*

USS George Washington, *SSBN-598, Typschiff der ersten Serie von strategischen Raketen-Atom-U-Booten der US Navy mit insgesamt vier Einheiten. Hinter dem Turm auf dem Rumpf liegt der große Aufbau, der die Raketen-Silos beinhaltet.*

Das erste nuklear angetriebene strategische Raketen-U-Boot der Welt, die *USS George Washington*, war ursprünglich als drittes nuklear angetriebenes Angriffs-U-Boot der *Skipjack*-Klasse in Auftrag gegeben und 1958 begonnen worden. Die strategischen Raketen-Atom-U-Boote der US Navy erhielten nicht, wie traditionell üblich, die Namen von Meerestieren, sondern zunächst die Namen von fast ausschließlich US-amerikanischen Persönlichkeiten (Präsidenten, Ministern, Kriegshelden, Revolutionären, Ingenieuren, Forschern, Pionieren, Häuptlingen und Künstlern – unter Berücksichtigung ethnischer und nationaler Gruppen in den USA). Die spätere *USS George Washington* sollte ursprünglich als SSN-589 *USS Scorpion* fertiggestellt werden. Statt dessen fügte man während des Baus eine rund 40 Meter lange Rumpf-Mittelsektion hinter dem Turm ein, die ausreichend Raum für die Startsilos für 16 seegestützte ballistische Interkontinentalraketen (ICBM, SLBM) mit nuklearen Sprengköpfen bot. Der Reaktor-Typ blieb unverändert. Stapellauf und Indienststellung 1959 erfolgten als SSBN-598. Der ursprüngliche Name des als Angriffs-Atom-U-

USS George Washington, *SSBN-598, 1973 in Pearl Harbour, Hawaii. Im Hintergrund ist das Mahnmal für die Opfer des 1941 versenkten Schlachtschiffs* USS Arizona, *BB-39, zu erkennen.*

Boot begonnen Bootes, *USS Scorpion* und die Rumpfnummer SSN-589, wurden an einen neuen Rumpf vergeben, der dann 1960 als Angriffs-Atom-U-Boot fertig gestellt wurde. Auch SSBN-600, *USS Theodore Roosevelt,* war 1958 ursprünglich als *USS Scamp*, SSN-588, in Auftrag gegeben und als SSN-600 begonnen worden. Parallel hatte man zwischenzeitlich auch die Bezeichnung SSGN-600 erwogen. Der ursprüngliche Name und die ursprüngliche Rumpfnummer SSN-588 wurden an einen neuen Rumpf vergeben, der dann 1961 als Angriffs-U-Boot fertig gestellt wurde. Auch die anderen drei Boote waren als Angriffs-U-Boote der *Skipjack*-Klasse beauftragt und geplant, wurden aber noch 1958 nach demselben Muster gleich als Einheiten der Klasse SSBN begonnen. Sie liefen 1959 bis 1960 vom Stapel, und wurden beide 1961 in Dienst gestellt.

Die Eile bei der Umsetzung dieses Umbau- und Bauprojektes erklärt sich durch die Fertigstellung der ersten, noch konventionell dieselelektrisch angetriebenen, strategischen Raketen-U-Boote (SSB) der Sowjetunion ab 1955. Bereits im Juli 1960 feuerte *USS George Washington* die ersten ballistischen Interkontinentalraketen im getauchten Zustand ab. Erst 1967 konnten die Sowjets damit gleichziehen. 1981 kollidierte das Boot im Ostchinesischen Meer mit dem japanischen Frachtschiff *Nissho Maru*, wobei von dessen Besatzung zwei Menschen ums Leben kamen. Der beschädigte Turm des Bootes wurde mit Teilen des außer Dienst gestellten Schwesterbootes *USS Abraham Lincoln* repariert. *USS Patrick Henry* war ab 1961 das erste in Holy Loch, Schottland stationiert US-SSBN. Die Boote dienten alle sowohl im Atlantik als auch später auch im Pazifik. Die bis 1965 auf den Booten eingeführte Polaris A-3-Rakete konnte bereits drei nukleare Mehrfach-Sprengköpfe (MIRV) tragen. *USS Theodore Roosevelt* und *USS Abraham Lincoln* stellten nach dem Rüstungsbegrenzungsvertrag SALT mit der Sowjetunion 1981 und 1982 außer Dienst, die verbleibenden drei Einheiten wurden ebenfalls in den Jahren 1981 und 1982 zu SSN umgebaut (siehe Abschnitt 4.3.14).

Schiffserkennung: Tropfenförmiger, aber hier lang gestreckter Rumpf mit größerem und längerem Turm, deutlich vor der Schiffsmitte mit vorne seitlich angebrachten Tiefenrudern wie *Skipjack*-Klasse (siehe Abschnitt 4.3.14), seitlich davon steil ansteigender, dahinter sattelförmiger, oben flacher Aufbau mit 16 u-förmigen Klappen von Startschächten für SLBM in zwei Reihen, zum Heck hin schräg abfallend. Trapezoides Seitenruder am Heck. Am Bug zeitweise kleine Kuppel.

SSBN-598 bis SSBN-602	
Bauwerften	Electric Boat Co., Groton, CT (2); Newport News Shipbdg., VA (1); Mare Island N.Y., CA (1); Portsmouth N.Y., ME (1)
Stapelläufe	1959 und 1960
Wasserverdrängung	5900/6700 ts.
Abmessungen (L x B x T)	116,4 x 10,1 x 8,8 m
Antrieb	1 S5W Reaktor, Dampfturbinen, 15000 PS, 1 Welle
Geschwindigkeit	20/25 kn
Bewaffnung	6 x 53,3 cm-Torpedorohre, 16 Polaris A-1 bzw. A-3
USS George Washington (SSBN-598); 1981 SSN, 1983 a.D. 1984, 1997 abgebrochen USS Patrick Henry (SSBN-599); 1981 SSN, a.D. 1984, 1997 abgebrochen USS Theodore Roosevelt (SSBN-600); a.D. 1982, 1995 abgebrochen USS Robert E. Lee (SSBN-601); 1982 SSN, a.D. 1983, 1991 abgebrochen USS Abraham Lincoln (SSBN-602); a.D. 1981, 1994 abgebrochen	

4.1.2 SSBN-608 Ethan Allen-*Klasse*

USS Ethan Allen, *SSBN-608, Typschiff der zweiten Serie von strategischen Raketen-Atom-U-Booten der US Navy mit insgesamt fünf Einheiten, hier während der Probefahrten 1960.*

Alle fünf Schiffe der zweitältesten Klasse nuklearer strategischer Raketen-U-Boote) wurden zwischen 1959 und 1961 in Bau gegeben, liefen 1960 bis 1962 vom Stapel und wurden 1961 bis 1963 in Dienst gestellt. Sie waren weltweit die erste Klasse von SSBN-Einheiten, die als solche geplant und in Bau gegeben worden waren. Sie waren länger und schwerer als die Boote der Vorgänger-Klasse, die Raketensektion war vorne besser an die Rumpfform angepasst. 1962 wurde in die *USS Thomas A. Edison* ein Aufzug eingebaut, damit das Boot von US-Präsident John F. Kennedy besucht werden konnte. *USS Ethan Allen* feuerte Mitte 1962 im Süd-Pazifik den ersten und einzigen detonierenden nuklearen Raketen-Testabschuss durch ein US Atom-U-Bootes ab. Später im Jahr besuchte *USS John Marshall* die türkische Stadt Izmir und damit als erstes SSBN überhaupt einen ausländischen Hafen. Eini-

USS Ethan Allen, *SSBN-608, 1962 vor Cape Canaveral, Florida, mit großem Sonardom am Bug.*

ge Boote waren während der Kuba-Krise Ende 1962 in erhöhter Einsatzbereitschaft operativ. 1980 und 1981 wurden sie als Folge der Rüstungsbegrenzungsverträge SALT I & II mit der Sowjetunion von SSBN zu Angriffs-Atom-U-Booten der Klasse SSN umgebaut und umklassifiziert (siehe auch Abschnitt 4.3.13).

Schiffserkennung: Wie *George Washington*-Klasse, aber länger. Bereits vor dem Turm beginnender, sanft ansteigender und dahinter sattelförmiger, oben flacher Aufbau mit ebenfalls 16 Raketensilo-Deckelklappen. *USS Thomas A. Edison* hatte anfangs eine größere längliche Sonarkuppel am Bug.

SSBN-608 bis SSBN-611, SSBN-618	
Bauwerften	Electric Boat Co., Groton, CT (2); Newport News Shipbdg., VA (3)
Stapelläufe	1960 bis 1962
Wasserverdrängung	6700/7600 ts.
Abmessungen (L x B x T)	125 x 10,1 x 9,8 m
Antrieb	1 S5W Reaktor, Dampfturbinen, 15000 PS, 1 Welle
Geschwindigkeit	15-20/20+ kn
Bewaffnung	4 x 53,3 cm-Torpedorohre, 16 Polaris A-2 bzw. A-3
USS Ethan Allen (SSBN-608); a.D. 1985, 1998 abgebrochen USS Sam Houston (SSBN-609); a.D. 1991, 1992 abgebrochen USS Thomas A. Edison (SSBN-610); a.D. 1983, 1997 abgebrochen USS John Marshall (SSBN-611); a.D. 1992, 1993 abgebrochen USS Thomas Jefferson (SSBN-618); a.D. 1985, 1998 abgebrochen	

4.1.3 SSBN-616 Lafayette-*Klasse*

Die 19 Einheiten dieser Klasse stellen die dritte Generation der nuklearen strategischen Atom-U-Boote und die bislang zahlenstärkste der US Navy dar. Diese neue Generation von SSBN konnte größere und schwerere, weiterreichende Interkontinentalraketen aufnehmen. Die Boote der *Lafayette*-Klasse werden gelegentlich auch mit den Einheiten der nachfolgenden *Benjamin Franklin*-Klasse zusammengefasst betrachtet, da diese sich äußerlich kaum unterscheiden. Manche Autoren trennen aber noch die zweiten zehn Einheiten der *Lafayette*-Klasse als *James Madison*-Klasse ab, weil diese Schiffe von Anfang an mit den Polaris A-3-Raketen ausgestattet waren. Nur sechs von jenen zehn wurden Ende der 1970er- und Anfang der 1980er-Jahre noch auf Trident C-4-Raketen umgerüstet. Zuvor erhielten alle 19 Einheiten noch Poseidon C-3-Raketen. Sie wurden zwischen 1961 und 1962 in Bau gegeben, liefen 1962 bis 1964 vom Stapel und gingen 1963 und 1964 in Dienst. 1968 kollidierte *USS Von Steuben* vor Spanien mit dem Kabel eines Schleppverbandes und wurde dabei beschädigt. *USS*

USS Lafayette, *SSBN-616, Typschiff der dritten Serie von strategischen Raketen-Atom-U-Booten der US Navy mit insgesamt neunzehn Einheiten, während der Probefahrten 1963.*

USS Daniel Webster, *SSBN-626, Ethan Allen-Klasse, 1964 mit experimentellen Tiefenrudern, die nicht am Turm, sondern an einem Aufbau im Bugbereich angebracht waren.*

James Madison führte 1970 den ersten Start einer Poseidon C-3-Rakete durch. 1974 war sie oder *USS Nathanael Greene* vor Schottland in eine Kollision mit dem sowjetischen Atom-Jagd-U-Boot *K-306* der *Viktor I*-Klasse verwickelt. Die Boote wurden als Folge von weiteren Rüstungs-Begrenzungs- bzw. Reduzierungs-Verträgen (SALT II & START I) und des späteren Zulaufs der nachfolgenden Ohio-Klasse von 1986 bis 1995 außer Dienst gestellt.

Schiffserkennung: Wie *Ethan Allen*-Klasse, aber länger und höher. *USS Daniel Webster* hatte bis 1970 keine Tiefenruder am Turm, sondern im Bereich eines zusätzlichen Wulstes bzw. Miniatur-Turms am Bug.

Rechts unten: USS Lafayette, *SSBN-616, Aufnahme von 1968.*

SSBN-616, SSBN-617, SSBN-619, SSBN-620, SSBN-622 bis SSBN-636	
Bauwerften	Mare Island N.Y., CA (4); Electric Boat Co., Groton, CT (7); Newport News Shipbdg., VA (6); Portsmouth N.Y., ME (2)
Stapelläufe	1962 bis 1964
Wasserverdrängung	7325/8251 ts.
Abmessungen (L x B x T)	129,5 x 10,1 x 8,8 m
Antrieb	1 S5W Reaktor, Dampfturbinen, 15000 PS, 1 Welle
Geschwindigkeit	20+/20+ kn
Bewaffnung	4 x 53,3 cm-Torpedorohre, Polaris A-2, A-3, Poseidon C-3, Trident C-4

USS Lafayette (SSBN-616); a.D. 1991, 1992 abgebrochen
USS Alexander Hamilton (SSBN-617); a.D. 1993, 1994 abgebrochen
USS Andrew Jackson (SSN-619); a.D. 1989, 1999 abgebrochen
USS John Adams (SSBN-620); a.D. 1989, 1996 abgebrochen
USS James Monroe (SSBN-622); a.D. 1990, 1995 abgebrochen
USS Nathan Hale (SSN-623); a.D. 1986, 1994 abgebrochen
USS Woodrow Wilson (SSBN-624); a.D. 1994, 1998 abgebrochen
USS Henry Clay (SSBN-625); a.D. 1990, 1997 abgebrochen
USS Daniel Webster (SSBN-626); a.D. 1990, Moored Training Ship, MTS-626, Charleston, SC
USS James Madison (SSBN-627); a.D. 1992, 1997 abgebrochen
USS Tecumseh (SSBN-628); a.D. 1993, 1994 abgebrochen
USS Daniel Boone (SSBN-629); a.D. 1994, 1994 abgebrochen
USS John C. Calhoun (SSBN-630); a.D. 1994, 1994 abgebrochen
USS Ulysses S. Grant (SSBN-631); a.D. 1992, 1993 abgebrochen
USS Von Steuben (SSBN-632); a.D. 1994, 2001 abgebrochen
USS Casimir Pulaski (SSBN-633); a.D. 1994, 1994 abgebrochen
USS Stonewall Jackson (SSBN-634); a.D. 1995, 1995 abgebrochen
USS Sam Rayburn (SSBN-635); a.D. 1989, Moored Training Ship, MTS-635, Charleston, SC
USS Nathanael Greene (SSBN-636); a.D. 1987, 2000 abgebrochen

4.1.4 *SSBN-640* Benjamin Franklin-*Klasse*

Bei diesen zwölf Einheiten von nuklearen strategischen Atom-U-Boote handelte es sich um eine Weiterentwicklung der *Lafayette*-Klasse mit leiserem Antrieb. Sie wurden zwischen 1963 und 1965 in Auftrag gegeben, liefen 1964 bis 1966 vom Stapel und gingen zwischen 1965 und 1967 in Dienst. Der erste Start einer Trident C-5 Rakete erfolgte 1979 auf *USS Francis Scott Key*. Zehn Schiffe wurden als Folge eines der Rüstungs-Begrenzungs- bzw. der beiden Reduzierungsverträge (START I & II) mit der Sowjetunion und des Zulaufs der nachfolgenden *Ohio*-Klasse zwischen 1992 und 1995 außer Dienst gestellt. Zwei Einheiten wurden stattdessen zwischen 1992 und 1994 von SSBN zu amphibischen Angriffs-Atom-U-Booten der Kategorie SSN umgebaut und umklassifizert (siehe Abschnitt 4.3.15).

Schiffserkennung: Wie *Lafayette*-Klasse.

USS Benjamin Franklin, *SSBN-640, Typschiff der vierten Serie von strategischen Raketen-Atom-U-Booten der US Navy mit insgesamt neun Einheiten, wurde 1965 in Dienst gestellt.*

SSBN-640 bis SSBN-645, SSBN-654 bis SSBN-659	
Bauwerften	Mare Island N.Y., CA (2) Electric Boat Co., Groton, CT (6); Newport News Shipbdg., VA (4)
Stapelläufe	1964 bis 1966
Wasserverdrängung	7325/8251 ts.
Abmessungen (L x B x T)	129,5 x 10,1 x 8,8 m
Antrieb	1 S5W Reaktor, Dampfturbinen, 15000 PS, 1 Welle
Geschwindigkeit	20+/20+ kn
Bewaffnung	4 x 53,3 cm-Torpedorohre, Polaris A-2, A-3, Poseidon C-3, Trident C-4
USS Benjamin Franklin (SSBN-640); a.D. 1993, 1995 abgebrochen USS Simon Bolivar (SSBN-641); a.D. 1995, 1995 abgebrochen USS Kamehamea (SSBN-642); 1992 SSN, a.D. 2002, 2003 abgebrochen USS George Bancroft (SSBN-643); a.D. 1993, 1998 abgebrochen USS Lewis and Clark (SSBN-644); a.D. 1992, 1996 abgebrochen USS James K. Polk (SSBN-645); 1994 SSN, a.D. 1999, 2000 abgebrochen USS George C. Marshall (SSBN-654); a.D. 1992, 1994 abgebrochen USS Henry L. Stimson (SSBN-655); a.D. 1993, 1994 abgebrochen USS George Washington Carver (SSBN-656); a.D. 1993, 1994 abgebrochen USS Francis Scott Key (SSBN-657); a.D. 1993, 1995 abgebrochen USS Mariano G. Vallejo (SSBN-658); a.D. 1995, 1995 abgebrochen USS Will Rogers (SSN-659); a.D. 1993, 1994 abgebrochen	

USS Benjamin Franklin, *SSBN-640, 1985 aus der Vogelperspektive aufgenommen.*

Die USS Tennessee (SSBN-734), ein ballistisches U-Boot der Vanguard-Klasse der Royal Navy, eine Boeing E-6B Mercury, die dem Fleet Air Reconnaissance Squadron 4 (VQ-4) »Shadows« angehört und eine Sikorsky MH-60R Sea Hawk des Helicopter Maritime Strike Squadron 72 (HSM-72) »Proud Warriors« führen, am 23. November 2022 ein gemeinsames Seetraining im Atlantik durch. (US Navy)

4.1.6 SSBN-826 District of Columbia-*Klasse*

Die Finanzierung dieser Nachfolger der *Ohio*-Klasse hat mit dem Haushaltsjahr 2021 begonnen. Diese Schiffe sollen später bis 2080 in Dienst bleiben können. Es ist bei grundsätzlich der Ohio-Klasse äußerlich ähnlichem Design von einer auf über 21.000 Tonnen gesteigerten Verdrängung unter Wasser auszugehen, die Raketensilo-Sektion soll möglicherweise gemeinsam mit der britischen Royal Navy entwickelt werden. Es sollen jeweils nur 16 statt 24 Startsilos für verbesserte Trident II-Raketen auf den Einheiten verbaut werden. Es sind x-förmige Heckruder vorgesehen. Die Boote sollen eine geplante Lebensdauer von 42 Jahren auch ohne den bisher üblichen Austausch der Brennstäbe bei einer Mid-Term-Instandsetzung erreichen. Für die ersten beiden Einheiten sind die Namen und Rumpfnummern *USS District of Columbia*, SSBN-826, und *USS Wisconsin*, SSBM-827, designiert. Mit dem Bau der ersten von insgesamt zwölf geplanten Einheiten wurde bereits Mitte 2022 begonnen.

Künstlerische Darstellung der USS District of Columbia, *SSBN-826, dem in Bau befindlichen Typschiff der sechsten Serie von strategischen Raketen-Atom-U-Booten der US Navy mit insgesamt zwölf geplanten Einheiten.*

4.2. Nukleare Lenkwaffen-Flugkörper-U-Boote (Guided Missile Submarine [nuclear propulsion]; Submarine, Guided Missile, Nuclear, SSGN, ex-SSBN)

4.2.1 SSGN-587 Halibut

Das Einzelschiff *USS Halibut* war ursprünglich als nuklear angetriebener Nachfolger der dieselelektrisch angetriebenen Lenkwaffen-Flugkörper-U-Boote (SSG) der Grayback-Klasse von 1957 anzusehen. Der Bau des Boots wurde 1957 begonnen, es lief 1959 vom Stapel und wurde 1960 von der Navy in Dienst gestellt. Das Boot konnte fünf *Regulus I*-Marschflugkörper tragen und diese von einer Startrampe aus verschießen. Stattdessen waren später *Regulus II*-Lenkwaffen vorgesehen. Nach Aufgabe des *Regulus*-Lenkwaffen-Flugkörper-Programms wurde das Boot 1965 zum Angriffs-U-Boot umgebaut und zum SSN umklassifiziert. Weitere Einzelheiten siehe dort in Abschnitt 4.3.8.

Schiffserkennung: Siehe Abschnitt 4.3.8.

USS Halibut, *SSGN-587, ein Einzelschiff, das als Lenkwaffen-Flugkörper-Atom-U-Boot für das Regulus-System entwickelt wurde. Hier nach der Indienststellung 1960 mit Regulus-Rakete auf dem Starter.*

SSGN-587	
Bauwerften	Mare Island N.Y., Vallejo, CA
Stapelläufe	1959
Wasserverdrängung	3655/5000 ts.
Abmessungen (L x B x T)	106,9 x 8,8 x 8,5 m
Antrieb	1 S3/4G/W Reaktor, Dampfturbinen, 7300 PS, 2 Wellen
Geschwindigkeit	15/20+ kn
Bewaffnung	5 Regulus-I-Lenkwaffen, 6 x 53,3 cm-Torpedorohre
USS Halibut (SSGN-587); 1965 SSN, a.D. 1976, 1994 abgebrochen	

USS Halibut, *SSGN-587, ein Einzelschiff, das als Lenkwaffen-Flugkörper-Atom-U-Boot für das Regulus-System entwickelt wurde. Hier nach der Indienststellung 1960 mit Regulus-Rakete auf dem Starter und einer weiteren auf der Pier.*

4.2.2 SSGN-726 Ohio-Klasse

Diese vier Einheiten von nuklearen Lenkwaffen-Flugkörper-U-Booten entstanden zwischen 2004 und 2009 aus Umbauten der ältesten Einheiten der nuklearen strategischen Raketen-U-Boote der *Ohio*-Klasse (siehe Abschnitt 4.1.5). 22 ihrer ehemals 24 SSBN-Startschächte wurden zu solchen für Lenkwaffen und Marschflugkörper (VLS) umgebaut, die jeweils beispielsweise sieben Tomahawk-Marschflugkörper beherbergen können. Außerdem erhielten sie bis zu zwei DDS-Hangars für Navy SEAL-Einsätze. Ähnliche senkrechte Abschussschächte für Marschflugkörper erhielten später auch die Angriffs-U-Boote der *Virginia*-Klasse ab Block III, ohne das diese als SSGN klassifiziert wurden. 2010 tauchten simultan drei der Schiffe bei einer freedom of navigation-Operation (FONOP) im südchinesischen Meer auf. *USS Florida* feuerte 2011 gut die Hälfte ihrer *Tomahawk*-Marschflugkörper auf Landziele in Libyen ab.

Schiffserkennung: Wie SSBN der *Ohio*-Klasse (Abschnitt 4.1.5), jedoch mit ein oder zwei parallel an Oberdeck angebrachten tonnenfömigen DDS-Hangars etwas hinter dem Turm.

USS Ohio, *SSGN-726, Typschiff der vier zu Lenkwaffen-Flugkörper-Atom-U-Booten umgebauten und umklassifizierten früheren strategischen Raketen-Atom-U-Boote. Die ehemaligen Startsilos für strategische Nuklear-Raketen (ICBM/SLBM) wurden zu jeweils sieben Schächten für Marschflugkörpern umgebaut. Außerdem erhielten die Boote hinter dem Turm jeweils ein bis zwei Trockendock-Behälter (DDS) für Einsätze der Navy SEALs-Kommandounternehmen. Hier bei der Seeabnahme 2007.*

SSGN-726 bis SSGN-729	
Bauwerften	Electric Boat Co., Groton, CT (18)
Stapelläufe	1979 bis 1982/2004 bis 2009
Wasserverdrängung	16764/18750 ts.
Abmessungen (L x B x T)	170,7 x 14,6 x 8,8 m
Antrieb	1 S8G Reaktor, Dampfturbinen, 60000 PS, 1 Welle
Geschwindigkeit	20+/20+ kn
Bewaffnung	4 x 53,3 cm-Torpedorohre, Tomahawk
USS Ohio (SSGN-726) USS Michigan (SSGN-727) USS Florida (SSGN-728) USS Georgia (SSGN-729)	

USS Georgia, *SSGN-729, der* Ohio-*Klasse, hier 2009 von vorne aufgenommen, hier mit einem DDS auf der Steuerbordseite.*

4.3. Nukleare Jagd/Angriffs-U-Boote (Submarine [nuclear propulsion]; Submarine, Attack, Nuclear, SSN, ex-SSRN, ex-SSGN, ex-SSBN)

4.3.1 SSN-571 Nautilus

Das erste Atom-U-Boot der Welt wurde 1952 begonnen, lief 1954 vom Stapel und wurde Ende desselben Jahres in Dienst gestellt. Seine Rumpfform ähnelte derjenigen der deutschen Typ XXI-U-Boote und derjenigen der daraus entwickelten konventionell angetriebenen US-Angriffs-U-Boote der *Tang*-Klasse von 1951. Sein Druckwasser-Reaktor bewährte sich besser als der Natrium-gekühlte Reaktor der folgenden *USS Seawolf* und wurde so zum Ausgangsmodell aller künftigen Reaktoren auf nuklear angetriebenen US-U-Booten. Am 3. August 1960 passierte das Boot auf einem Transit vom Pazifik in den Atlan-

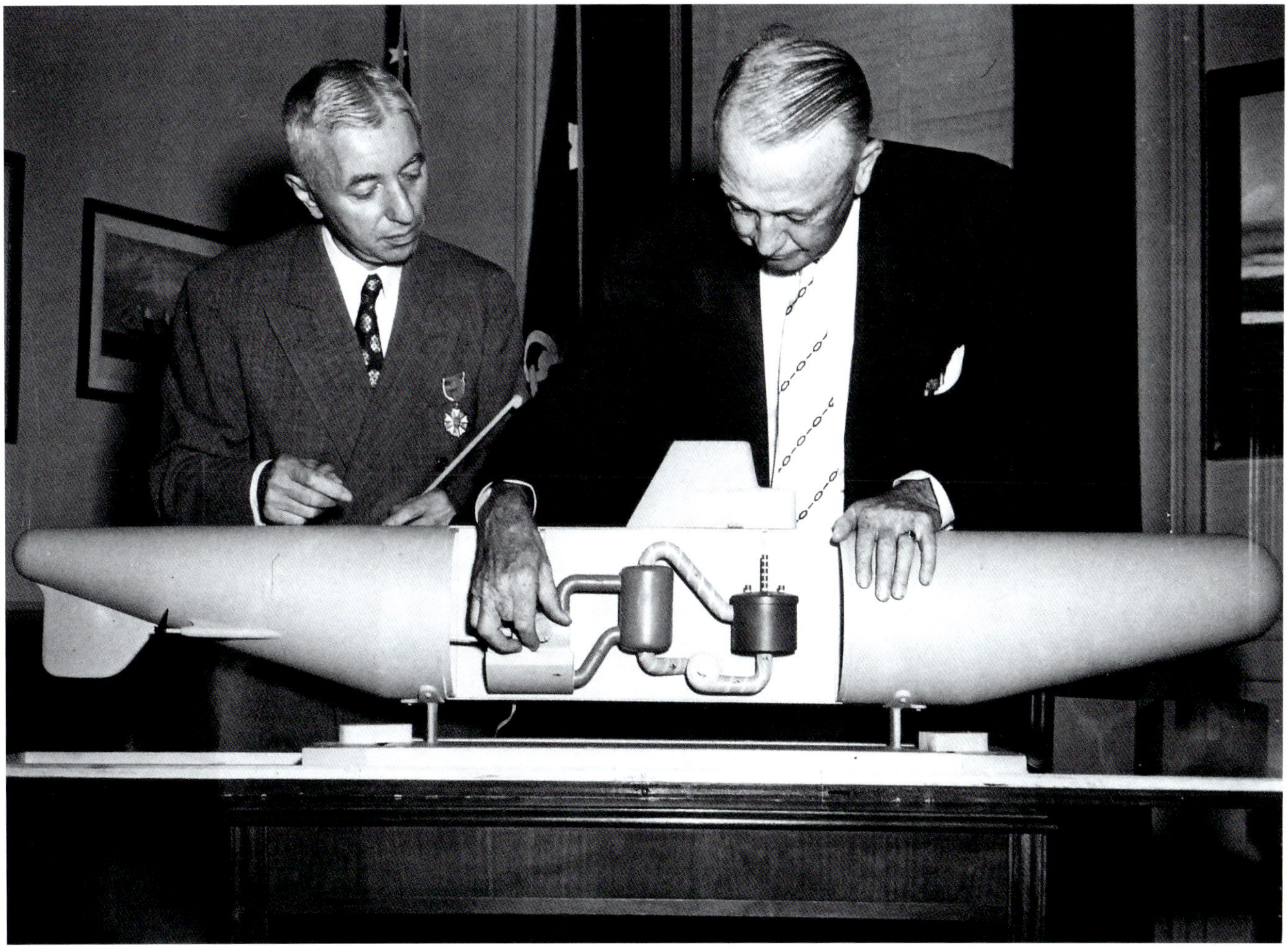

Admiral Hyman G. Rickover und Marinestaatssekretär Dan A. Kimball 1952 anlässlich einer Ordensverleihung an den Admiral mit einem Modell des ersten nuklear angetriebenen U-Bootes, USS Nautilus, *SSN-571.*

USS Nautilus, *SSN-571, bei ihrer See-Erprobung 1955 vor New York. Man beachte die noch nicht für die Unterwasserfahrt optimierte, konventionelle Rumpfform mit Satteldeck auf dem Druckkörper.*

tik als erstes Schiff überhaupt getaucht das Eis am Nordpol (Operation *Sunshine*). Das Boot war später zumeist im Atlantik als Teil der U-Boot-Flottille SUBRON 10 als Jagd/Angriffs-U-Boot eingesetzt. Es war an der Kuba-Blockade 1962 beteiligt und 1963 ins Mittelmeer entsandt. 1966 wurde sie während einer Übung bei einer Kollision mit dem Flugzeugträger *USS Essex* leicht beschädigt. 1968 zum »second line submarine« degradiert, wurde es 1980 außer Dienst gestellt.

Schiffserkennung: Stromlinienförmiger röhrenförmiger Rumpf mit relativ scharfem Steven und aufgesetztem Satteldeck, darauf kurz vor der Schiffsmitte ein stromlinienförmiger Turm mit waagerechter Oberkante und abgerundeter Vorderkante. Senkrechte trapezförmige Steuer-Finne am Heck.

SSN-571	
Bauwerften	Electric Boat Co., Groton, CT
Stapelläufe	1954
Wasserverdrängung	3533/4092 ts.
Abmessungen (L x B x T)	98,7 x 8,5 x 5,7 m
Antrieb	1 S2W Reaktor, Dampfturbinen, 13400 PS, 2 Wellen
Geschwindigkeit	20-22/20+ kn
Bewaffnung	6 x 53,3 cm-Torpedorohre
USS Nautilus (SSN-571); a.D. 1980, 1982 Museumsschiff in Groton, CT	

USS Nautilus, *SSN-571, bei ihrer See-Erprobung 1955 vor New York. Vorliche Ansicht. Die Rumpfform ähnelte noch derjenigen der konventionell angetriebenen* Tang-*Klasse.*

Ex-USS Nautilus, *SSN-571, legt 1985 nach Außerdienststellung an der Pier in New London, Connecticut zur Einrichtung als Museumsschiff an.*

USS Nautilus, *SSN-571, mit auf Deck angetretener Besatzung 1958 auslaufend San Francisco.*

4.3.2 SSN-575 Seawolf

Mit dem Bau des zweiten Atom-U-Boots der Welt wurde 1953 begonnen. Es lief 1955 vom Stapel und wurde Anfang 1957 in Dienst gestellt. Auch seine Rumpfform ähnelte derjenigen der deutschen Typ XXI U-Boote und der daraus entwickelten, konventionell angetriebenen US-Angriffs-U-Boote der *Tang*-Klasse von 1951. Der Natrium-gekühlte Reaktor, der als Alternative zum Druckwasser-Reaktor der vorausgegangenen *USS Nautilus* erprobt werden sollte, bewährte sich weniger, sodass das Boot von 1958 bis 1960 auf deren S2W-Reaktor umgerüstet wurde. 1963 beteiligte sich die USS Seawolf an der Suche nach der gesunkenen *USS Thresher.* Im Jahr darauf war sie Teil der ersten Task Force aus nuklear angetriebenen Schiffen (gemeinsam mit dem Flugzeugträger *USS Enterprise*, CVAN-65, und dem Kreuzer USS *Long Beach*, CGN-9). Wie auch die USS Nautilus gehörte die USS Seawolf zur U-Boot-Flottille SUBRON 10 als Jagd/Angriffs-U-Boot. Bereits 1968 zum »second line submarine« deklassiert, wurde das Boot 1987 außer Dienst gestellt.

Schiffserkennung: Ähnlich *USS Nautilus*, aber runder Steven und deutlich ansteigender Bug. Der stromlinienförmige Turm in der Schiffsmitte stieg vorne zweistufig an, wie der Turm der auf Schnorchelbetrieb umgebauten konventionell angetriebenen GUPPY (Greater Underwater Propulsion Program)-Boote mit einem Turm des Electric-Boat-Typs.

USS Seawolf, *SSN-575, 1957 vor Newport, Rhode Island. Man beachte das angehobene Deck im Bugbereich mit Sonardom und die ausgefahrene kleine Radarantenne auf dem Turm, dessen Form denen der GUPPY-Umbauten nach dem Schema von Electric Boat ähnelt.*

SSN-575	
Bauwerften	Electric Boat Co., Groton, CT
Stapelläufe	1955
Wasserverdrängung	3720/4280 ts.
Abmessungen (L x B x T)	102,9 x 8,5 x 6,6 m
Antrieb	1 S2G Reaktor, Dampfturbinen, 15000 PS, 2 Wellen
Geschwindigkeit	23/19 kn
Bewaffnung	6 x 53,3 cm-Torpedorohre
USS Seawolf (SSN-575); a.D. 1987, 1997 abgebrochen	

USS Seawolf, *SSN-575, 1957 vor Groton, Connecticut. Achterliche Aufnahme ohne Fahrt. Deutlich erkennbar ist die noch nicht für die Unterwasserfahrt optimierte, konventionelle Rumpfform mit Satteldeck auf dem Druckkörper. (Foto: US Nationalarchiv)*

USS Seawolf, *SSN-575, 1973 nach Umbau zum Spezialprojekt-U-Boot, etwa zur Meeresbodenerkundung, durch Sektionsaustausch 1970. Der alternative Natrium-gekühlte Reaktortyp, der mit dem Schiff erprobt wurde, bewährte sich nicht. Bereits 1960 trat ein Reaktor des Druckwasser-gekühlten Typs, wie er auch in der USS Nautilus Verwendung fand, an seine Stelle.*

USS Seawolf, *SSN-575, 1987 kurz vor der Außerdienststellung vor dem Mare Island Naval Shipyard mit schwarzem Anstrich.*

4.3.3 SSN-578 Skate-Klasse

Bei diesen vier Einheiten handelte es sich um die erste Klasse von baugleichen Atom-U-Booten. Das Design folgte – wie dasjenige der *USS Nautilus* – noch demjenigen der konventionell angetriebenen Booten der *Tang*-Klasse, ja sie waren, noch mehr als die *Nautilus*, praktisch nuklear angetrieben Versionen derselben. Die Antriebsanlage war eine vereinfachte Version derjenigen der *USS Nautilus* mit den verbesserten Reaktor-Typen S3W bzw. S4W. Die Boote wurden 1955 und 1956 begonnen, liefen 1957 und 1958 vom Stapel, und gingen 1957 bis 1959 in Dienst. Auch die *USS Skate* gehörte zur U-Boot-Flottille SUBRON 10 als Jagd/Angriffs-U-Boot. *USS Swordfish*, *USS Sargo* und *USS Seadragon* wurden dagegen im Pazifik stationiert, letztere auch für arktische Operationen verstärkt. *USS Seadragon* durchquerte 1962 als erstes U-Boot die Nordwestpassage in östlicher Richtung und traf dabei die *USS Skate* am Pol, wo beide Boote das Eis durchbrechend gemeinsam auftauchten. Es gibt Spekulationen, dass der Verlust des sowjetischen strategischen U-Bootes *K-129* vor Hawaii 1968 die Folge einer Kollision mit der *USS Swordfish* gewesen sein könnte. Bereits 1968 zu »second line submarines« deklassiert, wurden die Boote dieser Klasse zwischen 1983 und 1989 außer Dienst gestellt.

Schiffserkennung: Ähnlich *USS Nautilus*, aber deutlich kürzer.

USS Skate, *SSN-578, 1963 vor New London, Connecticut. Wie bei der* USS Nautilus *war der Rumpf dieser Schiffe mit seiner konventionellen Form samt Satteldeck auf dem Druckkörper und scharfem Steven noch nicht für die Unterwasserfahrt optimiert.*

SSN-578, SSN-579, SSN-583, SSN-584	
Bauwerften	Electric Boat Co., Groton, CT, Portsmouth, ME (2), Mare Island, CA
Stapelläufe	1957 und 1958
Wasserverdrängung	2570/2861 ts.
Abmessungen (L x B x T)	81,6 x 9,1 x 6,2 m
Antrieb	1 S3W/SW4W Reaktor, Dampfturbinen, 13200 PS, 2 Wellen
Geschwindigkeit	23/20 kn
Bewaffnung	8 x 53,3 cm-Torpedorohre
USS Skate (SSN-578); a.D. 1986, 1994 abgebrochen USS Swordfish (SSN-579); a.D. 1989, 1995 abgebrochen USS Sargo (SSN-583); a.D. 1988, 1995 abgebrochen USS Seadragon (SSN-584); a.D. 1983, 1994 abgebrochen	

USS Skate, *SSN-578, Typschiff der ersten Serie von nuklearen Angriffs-U-Booten der US Navy mit insgesamt vier Einheiten bei der Seeerprobung Ende 1957 (Foto: U.S. Nationalarchiv)*

USS Skate, *SSN-578, bei gleicher Gelegenheit. Vorliche Ansicht. (Foto: U.S. Nationalarchiv)*

USS Skate, *SSN-578, und das Schwesterboot* USS Seadragon, *SSN-584, treffen sich 1962 aufgetaucht am Nordpol.*

USS Seadragon, *SSN-584, der* Skate-*Klasse 1960 mit an Deck angetretener Besatzung. Darüber ein Helikopter des Typs Piasecki HUP Retriever.*

4.3.4 SSN-585 Skipjack-Klasse

Die sechs Angriffs-U-Boote der *Skipjack*-Klasse, deren Bau von 1956 bis 1958 begonnen wurde, die von 1958 bis 1960 vom Stapel liefen und die zwischen 1959 und 1961 in den Dienst der US Navy kamen, waren die ersten, die mit einem Rumpf in einer für die Unterwasserfahrt weiter optimierten Tropfenform gebaut wurden. Diese war zunächst ab 1953 mit dem konventionell angetriebenen Forschungs-U-Boot, AGSS-569, *USS Albacore* erprobt worden. Diese neue Rumpfform resultierte in einer deutlich höheren Unterwassergeschwindigkeit. Erstmals bei US Angriffs-Atom-U-Booten wurden bei der *Skipjack*-Klasse die Tiefenruder seitlich am Turm angebracht. Die Boote erhielten einen Reaktor des neuen Typs S5W. Auch die *USS Skipjack* wurde SUBRON 10 zugeteilt. Dort diente sie vorwiegend im Atlantik und seinen Randmeeren. Bereits 1960 führte das Boot eine Erkundung unmittelbar vor dem sowjetischen Stützpunkt Murmansk durch. Das ebenfalls im Atlantik eingesetzte Boot *USS Scorpion* ging dort 1968 als zweites – und bislang letztes – US-amerikanisches Atom-U-Boot verloren. Vermutlich implodierte das Boot bedingt durch eine Überschreitung der maximalen Tauchtiefe infolge eines technischen Defekts. *USS Scamp*, *USS Sculpin* und *USS Snook* wurden im Pazifik stationiert.

Schiffserkennung: Tropfenförmiger Rumpf mit rundem Bug, zum Heck spitz auslaufend. Der Turm war weit vor der Schiffsmitte angeordnet, hatte seitlich flügelartig Tiefenruder angebracht und lief in einem längeren niedrigen Grat nach achtern aus. Senkrechte trapezförmige Steuer-Finne am Heck.

Stapellauf von USS Skipjack, *SSN-585, Typschiff der zweiten Serie von nuklearen Angriffs-U-Booten der US Navy mit insgesamt sechs Einheiten, 1958 bei Electric Boat in Groton, Connecticut. Diese Boote hatten schon eine für die Unterwasserfahrt optimierte, tropfenförmige Rumpfform mit halbkugeligem Bug und Tiefenruder an den Türmen, ähnlich der letzten Klasse konventionell angetriebener Angriffs-U-Boote der US Navy, der* Barbel*-Klasse.*

SSN-585, SSN-588 bis SSN-592	
Bauwerften	Electric Boat Co., Groton, CT (2); Ingalls, MS (2); Mare Island, CA; Newport News, VA
Stapelläufe	1958 bis 1960
Wasserverdrängung	3075/3513 ts.
Abmessungen (L x B x T)	76,7 x 9,7 x 7,6 m
Antrieb	1 S5W Reaktor, Dampfturbinen, 15000 PS, 1 Welle
Geschwindigkeit	20/30+ kn
Bewaffnung	6 x 53,3 cm-Torpedorohre
USS Skipjack (SSN-585); a.D. 1990, 1996 abgebrochen USS Scamp (SSN-588); a.D. 1988, 1994 abgebrochen USS Scorpion (SSN-589); 1968 gesunken USS Sculpin (SSN-590); a.D. 1990, 1999 abgebrochen USS Shark (SSN-591); a.D. 1990, 1996 abgebrochen USS Snook (SSN-592); a.D. 1986, 1997 abgebrochen	

USS Skipjack, *SSN-585, geleitet von einem Motorboot während der Einfahrzeit 1959. Auf dem Druckkörper befindet sich kein Satteldeck mehr, sondern lediglich ein schmaler, niedriger Grat in der Verlängerung des Turmes.*

USS Skipjack, *SSN-585, 1965 in Überwasserfahrt mit voller Kraft. Man beachte die gewaltige Bugwelle des für Unterwasserfahrt optimierten Rumpfes.*

USS Scamp, *SSN-588, der Skipjack-Klasse unmittelbar nach ihrem Stapellauf 1960 im Mare Island Naval Shipyard in Vallejo, California. Man beachte die kompakte Form und die werftseitige vielgestaltige Bemalung.*

USS Scorpion, *SSN-589, der* Skipjack-*Klasse im April 1968 vor dem Anlegen an einen U-Boot-Tender in Neapel, Italien.*

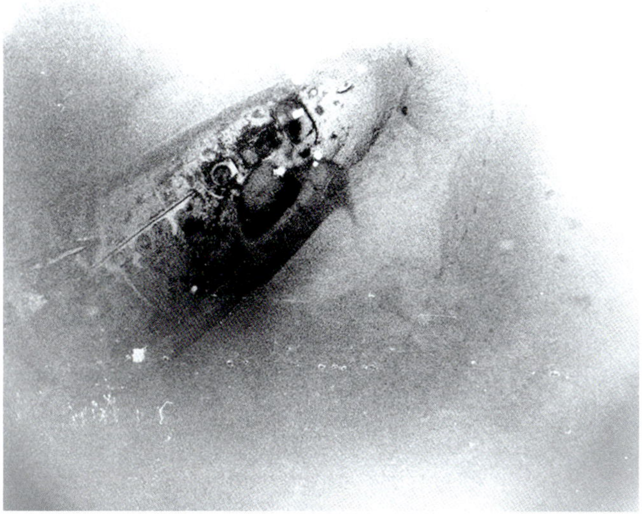

Bugsektion von USS Scorpion, *SSN-589, auf dem Meeresgrund in etwa 3300 Metern Tiefe, rund 400 Seemeilen südwestlich der Azoren. Das Boot war Ende Mai 1968 der zweite – und bislang letzte – Totalverlust eines Atom-U-Bootes der US Navy.*

USS Triton, *hier noch als SSRN-586, ein Einzelschiff mit zwei Atomreaktoren, das ursprünglich als nuklear angetriebenes Radar-Frühwarn-U-Boot konzipiert und in Dienst gestellt wurde, bei einer Abnahmefahrt 1959. Das Schiff war eine nukleare angetriebene Version der Boote der konventionell angetriebenen* Sailfish-*Klasse. Es wurde bereits nach 16 Monaten und Ausbau der Frühwarn-Radarausstattung zum Angriffs-Atom-U-Boot (SSN-586) umklassifiziert.*

4.3.5 SSN-586 Triton

Das Einzelschiff *USS Triton* war als eine vergrößerte und deutlich verlängerte Variante der *Skate*-Klasse und der konventionellen Radar-Frühwarn-U-Boote der *Sailfish*-Klasse von 1956 konzipiert. Das Schiff hatte als bislang einziges Atom-U-Boot der Navy zwei Reaktoren des Typs S4G, die hintereinander angeordnet waren. Diese sollten der USS Triton eine besonders hohe Über- und Unterwassergeschwindigkeit ermöglichen. Ihr Bau begann 1956, der Stapellauf war 1958, und sie wurde 1959 als Radarfrühwarn-Atom-U-Boot in Dienst gestellt. Bereits gut ein Jahr später wurde – nach Aufgabe des Konzeptes der Überwasser- und Unterwasser-Radar-Frühwarn-Einheiten der US Navy und dem Ersatz dieser Schiffe durch Trägerflugzeuge – die Radaranlage im Turm des Bootes ausgebaut und das Boot zum Angriffs-U-Boot SSN umklassifiziert. Danach wurde sie bis 1967 Flaggschiff des Kommandeurs der U-Boote der Atlantischen Flotte (COMSUBLANT). Bereits 1969 wurde sie aber als erstes Atom-U-Boot der US Navy wieder außer Dienst gestellt. Bis zur Indienststellung der SSBN der *Ohio*-Klasse 1981 blieb sie das längste jemals in Dienst gestellte U-Boot der US Navy. Schon 1960 besuchte sie mit Bremerhaven als erstes US-Atom-U-Boot einen kontinentaleuropäischen Hafen. Aufgrund von Budget-Verschiebungen erfolgte eine für 1967 vorgesehene Überholung mit Reaktor-Neubestückung nicht nicht mehr. Stattdessen wurde das Boot inaktiviert. 1968 erfolgte auch keine Abstufung zum »second line submarine« mehr und die USS Triton wurde 1969 offiziell außer Dienst gestellt (siehe auch Abschnitt 4.4.1).

Schiffserkennung: Rumpf wie *Skate*-Klasse, aber deutlich länger. Der sehr hohe und lange Turm befand sich auf dem vorderen Rumpfdrittel.

USS Triton, *SSN-586, hatte noch die konventionelle Rumpfform mit Satteldeck auf dem Druckkörper und scharfem Steven. Es fehlen die Tiefenruder am Turm. Hier 1964 als Flaggschiff der US-Atlantik-Flotte. Für lange Zeit war sie mit 136,3 Metern das längste Atom-U-Boot der US Navy.*

SSRN-586	
Bauwerften	Electric Boat Co., Groton, CT
Stapelläufe	1958
Wasserverdrängung	5963/7773 ts.
Abmessungen (L x B x T)	136,3 x 11,3 x 7,3 m
Antrieb	2 S4G Reaktoren, Dampfturbinen, 34000 PS, 2 Wellen
Geschwindigkeit	30+/27+ kn
Bewaffnung	6 x 53,3 cm-Torpedorohre
USS Triton (SSN-586); bis 1961 SSRN, a.D. 1969, 2009 abgebrochen	

4.3.6 SSN-593 Thresher-*Klasse*

Mit 14 Einheiten war dies die seinerzeit zahlenmäßig größte Nachkriegs-U-Boot-Klasse der US Navy. Die Angriffs-Atom-U-Boote der *Thresher*-Klasse waren Nachfolger der *Skipjack*-Klasse und folgten einem ähnlichen Design basierend auf der jetzt etwas gestreckten, tropfenförmigen Rumpfform und demselben Reaktor-Typ. Nach dem Verlust des Typ-Schiffs *USS Thresher* wurde die Klasse nach der folgenden Einheit auch als *Permit*-Klasse bezeichnet. Es handelte sich um ein mit demjenigen der *USS Tullibee* konkurrierendes Design, ebenfalls mit Kugelsonar im Bug und dahinter schräg eingebauten Bug-Torpedorohren, speziell auch geeignet zur U-Boot-Jagd. Letztlich setzte sich dieses größere und teurere Design durch und wurde Vorbild aller folgenden Angriffs-Atom-U-Boote der US Navy. Später konnten sie auch Anti-U-Boot-Raketen und Seezielflugkörper vom Typ Harpoon aus den Torpedorohren abfeuern. Die Boote wurden von 1958 bis 1961 begonnen, liefen 1960 bis 1966 vom Stapel und wurden zwischen 1961 und 1967 in Dienst gestellt. USS Thresher wurde im April 1963 zum ersten Verlust eines Atom-U-Bootes für die US Navy. Die wahrscheinlichste Ursache hierfür war der Bruch einer gelöteten Druckwasserleitung, der zu einer Notab-

USS Thresher, *SSN-593, 1961 in Dienst gestelltes Typschiff der dritten Serie von nuklearen Angriffs-U-Booten der US Navy mit insgesamt vierzehn Einheiten. Gut erkennbar ist der im Vergleich zur Skipjack-Klasse deutlich längere Rumpf und der relativ kleine und weiter vorn platzierte Turm. Der jetzt eher zigarren- als tropfenförmige Rumpf wurde für die Unterwasserfahrt optimiert.*

SSN-593 bis SSN-596, SSN-603 bis SSN-607, SSN-612 bis SSN-615, SSN-621	
Bauwerften	Electric Boat Co., Groton, CT (3); Ingalls, MS (3); New York Shipbdg., NJ (3); Portsmouth N.Y., ME (3); Mare Island, CA (2)
Stapelläufe	1960 bis 1966
Wasserverdrängung	3540/4200 bzw. 3792/4600 ts.
Abmessungen (L x B x T)	84,9 bzw. 89 x 9,7 x 7,9 m
Antrieb	1 S5W Reaktor, Dampfturbinen, 15000 PS, 1 Welle
Geschwindigkeit	20/33 kn
Bewaffnung	6 x 53,3 cm-Torpedorohre, SUBROC, Harpoon, Minen
USS Thresher (SSN-593); 1963 gesunken USS Permit (SSN-594); a.D. 1991, 1993 abgebrochen USS Plunger (SSN-595); a.D. 1990, 1996 abgebrochen USS Barb (SSN-596); a.D. 1989, 1996 abgebrochen USS Pollack (SSN-603); a.D. 1989, 1995 abgebrochen USS Haddo (SSN-604); a.D. 1991, 1992 abgebrochen USS Jack (SSN-605); a.D. 1990, 1992 abgebrochen USS Tinosa (SSN-606); a.D. 1992, 1992 abgebrochen USS Dace (SSN-607); a.D. 1988, 1997 abgebrochen USS Guardfish (SSN-612); a.D. 1992, 1992 abgebrochen USS Flasher (SSN-613); a.D. 1992, 1994 abgebrochen USS Greenling (SSN-614); a.D. 1994, 1994 abgebrochen USS Gato (SSN-615); a.D. 1995, 1996 abgebrochen USS Haddock (SSN-621); a.D. 1993, 2001 abgebrochen	

USS Permit, *SSN-594, nach dem Verlust des Schwesterbootes* USS Thresher *neues Typschiff der Klasse im Jahr 1978 an der pazifischen Küste.*

schaltung des Reaktors führte: Alle 129 Mann der Besatzung versanken mit dem Boot im Atlantik auf einer Tiefe von 2560 Metern. In der Folge des Unglücks verbesserte die US Navy das Qualitätsmanagement beim Atom-U-Boot-Bau und entwickelte tieftauchende Rettungsmittel mit Eigenantrieb (DSRVs). Die vorletzten drei fertiggestellten Einheiten der Klasse wurden etwa fünf Meter länger (»Long Hull«) mit verbesserten Sicherheitsstandards gebaut. Die meisten Boote erhielten später Towed-Array-(Schlepp-) Sonarkabel, wie auch die folgenden Atom-Angriffs-U-Boot-Klassen. Die Schiffe wurden, wie bereits seit der *Skipjack*-Klasse üblich, hälftig auf die Atlantik- und die Pazifikflotte aufgeteilt. USS Permit war das erste U-Boot, dass 1963 eine SUBROC-Anti-U-Boot-Raketen abfeuerte. *USS Barb* und *USS Plunger* waren 1967 und 1968 die ersten nuklear angetriebenen Schiffe, die Japan anliefen. *USS Guardfish* verfolgte auf dem Höhepunkt der Vietnam-Friedensgespräche 1972 ein sowjetisches *Echo II*-Klasse Lenkwaffen-Atom-U-Boot über mehr als eine Woche in Fernost. 1973 kam es zu einem Reaktorzwischenfall. *USS Gato* kollidierte 1969 mit dem sowjetischen Atom-U-Boot *K-19*. Es war das erste Atom-U-Boot, das 1976 Südamerika umrundete und durch die Magellanstraße fuhr. Zwischen 1988 und 1996 stellte die US Navy die verbliebenen Einheiten außer Dienst.

Schiffserkennung: Wie *Skipjack*-Klasse, aber der tropfenförmige Rumpf war zigarrenförmig-röhrenartig verlängert, der Bug »zeppelinförmig« etwas spitzer und der Turm deutlich kleiner und niedriger, etwas weiter vorne platziert und ohne anschließenden Grat. Die letzten vier Einheiten hatten einen etwas längeren Turm.

Die letzten vier Boote der Thresher/Permit-*Klasse hatten einen etwas längeren Turm. Hier* USS Flasher, *SSN-613, 1971 vor Hawaii.*

USS Thresher, *SSN-593, ebenfalls 1961, mehr vorlich aufgenommen. Man beachte die relativ hohe Anbringung der Tiefenruder am Turm.*

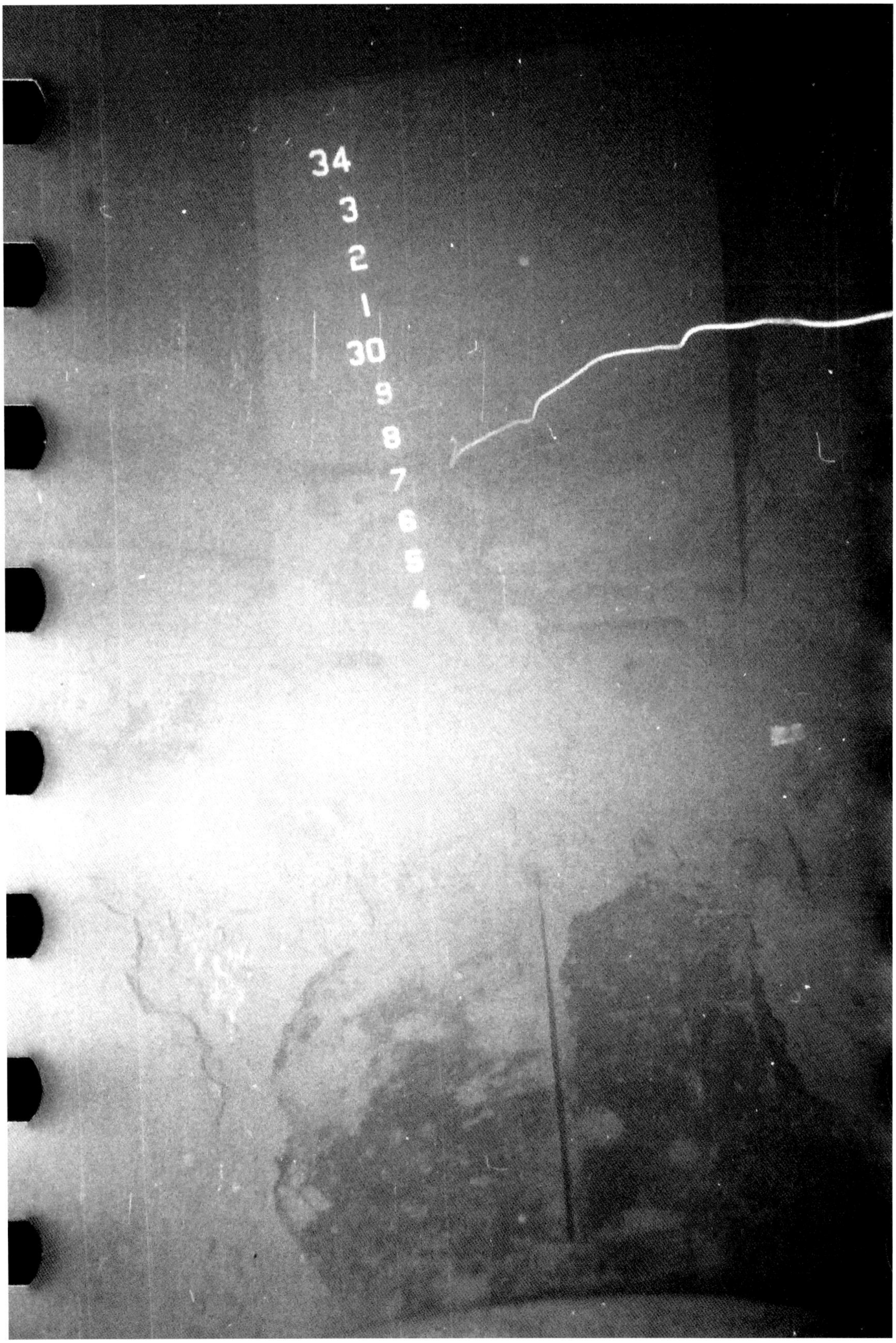

Heckbereich mit oberem Seitenruder von USS Thresher, *SSN-593, auf dem Meeresgrund in 2560 Metern Tiefe, rund 220 Seemeilen östlich von Cape Cod. Das Unglück war im April 1963 der erste Totalverlust eines Atom-U-Bootes der US Navy.*

4.3.7 SSN-597 Tullibee

Das Einzelschiff *USS Tullibee* war das Ergebnis eines Versuchs, ein finanziell weniger aufwendiges Angriffs-Atom-U-Boot zu bauen, das außerdem auf die U-Boot-Jagd spezialisiert sein sollte. Insofern war es auch als nuklear angetriebener Nachfolger der Jagd-U-Boote (SSK) der *Barracuda*-Klasse von 1951 anzusehen; die Einführung einer Klassifikations-Kategorie SSKN wurde zeitweilig erwogen. Zu diesem Zweck erhielt es im Bug ein besonders leistungsfähiges Kugelsonar und ein turboelektrischer Antrieb sollte es besonders leise machen. Wegen des Platzbedarfs des Kugelsonars wurden die Bugtorpedorohre nach achtern versetzt und in einem zehn Grad nach außen gerichteten Winkel eingebaut. Letztlich wurde dieses Konzept dann nicht weiter verfolgt. Das Boot wurde 1958 begonnen, lief 1960 vom Stapel und wurde noch im selben Jahr offiziell in Dienst gestellt. Der Einsatz erfolgte wiederholt im Mittelmeer und bei Sonar- und U-Jagd-Übungen. 1972 kollidierte das Boot getaucht mit dem deutschen Frachter *Hagen,* ohne dabei schwere Schäden zu erleiden. 1968 wurde es zum »second line submarine« umklassifiziert und schließlich 1988 außer Dienst gestellt.

Schiffserkennung: Rumpf wie bei den Booten der *Skipjack*-Klasse, aber der Turm war mehr zur Schiffsmitte hin angeordnet und an ihn schloss sich ein breiter und höherer Aufbau mit flacher Oberseite an, der fast bis zum Heck reichte

USS Tullibee, *SSN-597, war ein Einzelschiff, das als spezielles U-Boot-Jagd-U-Boot entwickelt wurde. Das Schiff sollte Prototyp einer deutlich vergrößerten und nuklearen Nachfolgeklasse der Boote der konventionell angetriebenen* Barracuda-*Klasse werden. Aufnahme während der Seeerprobung 1960.*

USS Tullibee, *SSN-597, hier 1972 mit drei größeren PUFFS-Sensoren.*

und dort auch auslief. Zeitweise wurden vorn und/oder achtern flossenförmige PUFFS-Sensoren auf dem Rumpf geführt, die zum Sonarsystem gehörten.

USS Tullibee, *SSN-597, kurz nach der Indienststellung 1960. Gut erkennbar sind der lang gestreckte Aufbau hinter dem Turm und die zwei PUFFS-Sensoren vorn und achtern auf dem sonst für Unterwasserfahrt optimierten Rumpf.*

SSN-597	
Bauwerften	Electric Boat Co., Groton, CT
Stapelläufe	1960
Wasserverdrängung	2317/2640 ts.
Abmessungen (L x B x T)	83,2 x 7,2 x 6,4 m
Antrieb	1 S2C Reaktor, turboelektrisch, 2500 PS, 1 Welle
Geschwindigkeit	13/16 kn
Bewaffnung	4 x 53,3 cm-Torpedorohre
USS Tullibee (SSN-597); a.D. 1988, 1996 abgebrochen	

4.3.8 SSN-587 Halibut

Das Einzelschiff *USS Halibut* wurde ursprünglich als nuklear angetriebener Nachfolger der Lenkwaffen-Flugkörper-U-Boote (SSG) der *Grayback*-Klasse von 1957 geplant und gebaut und als SSGN klassifiziert (siehe auch Abschnitt 4.2.1). Nach Aufgabe des *Regulus*-Lenkwaffen-Flugkörper-Programmes wurde das Boot 1965 zum Angriffs-Atom-U-Boot umgebaut und zum SSN umklassifiziert. Das Boot war das letzte in der US Navy, das noch einen konventionellen Rumpf ohne Tropfenform und mit Satteldeck erhielt. Nach dem Ausbau der Marschflugkörper-Startanlage wurde der Raum für nachrichtendienstliche Zwecke und verdeckte Operationen verwendet. Das Boot wurde als Spezialoperations-Atom-U-Boot im Pazifik eingesetzt, klärte im Jahr 1968 die genaue Position des gesunkenen sowjetischen Atom-U-Boots *K-129* auf und zapfte sowjetische Seekabel im Ochotskischen Meer an. Der Einsatz des Bootes erfolgte auch wiederholt im Mittelmeer und bei Sonar- und U-Jagd-Übungen. 1976 wurde es außer Dienst gestellt.

Schiffserkennung: Rumpf wie *Skate*-Klasse, aber länger. Vor dem Turm war das Oberdeck deutlich verbreitert und trug einen großen längs-ovaleren flach-kuppelförmigen Aufbau, unter dem sich die Lenkwaffen-Flugkörper-Startanlage befand. Trug gelegentlich ein SAEL Delivery Vehicle (SDV) achtern.

USS Halibut, *SSN-587, war ein Einzelschiff, das ursprünglich als Lenkwaffen-Flugkörper-U-Boot für das* Regulus-*System entwickelt wurde. 1965 wurde es zum Spezialprojekt-U-Boot, etwa zur Meeresbodenerkundung, umgebaut und zum nuklearen Angriffs-U-Boot umklassifiziert. Hier kurz nach dem Umbau mit einem prominenten Strahlruder auf dem ehemaligen Regulus-Hangar.*

USS Halibut, *SSN-587, hier etwa zehn Jahre nach der vorigen Aufnahme mit einem Kampfschwimmer-Transport SAEL-Delivery Vehicle (SDV) über dem achteren Satteldeck des für Überwasserfahrt optimierten Rumpfs. Das Boot war das letzte Atom-U-Boot der US Navy mit einer solchen konventionellen Rumpfform.*

SSN-587	
Bauwerften	Mare Island N.Y., Vallejo, CA
Stapelläufe	1959/1965
Wasserverdrängung	3655/5000 ts.
Abmessungen (L x B x T)	106,9 x 8,8 x 8,5 m
Antrieb	1 S3/4G/W Reaktor, Dampfturbinen, 7300 PS, 2 Wellen
Geschwindigkeit	15/20+ kn
Bewaffnung	6 x 53,3 cm-Torpedorohre
USS Halibut (SSN-587); bis 1965 SSGN, a.D. 1976, 1994 abgebrochen	

4.3.9 SSN-637 Sturgeon-Klasse

USS Sturgeon, *SSN-637, 1967 in Dienst gestelltes Typschiff der vierten Serie von nuklearen Angriffs-U-Booten der US Navy mit insgesamt 37 Einheiten. Die Tiefenruder am Turm wurden, verglichen mit der vorausgehenden* Thresher/Permit-*Klasse, wieder niedriger angebracht.*

Mit 37 Einheiten war dies die bislang zahlenmäßig größte Nachkriegs-U-Boot-Klasse der US Navy. Es handelte sich um eine Weiterentwicklung der *Thresher*-Klasse, in die bereits von Anfang an die nach dem Unglück mit deren Typschiff erfolgten Verbesserungen eingeplant waren. Der Baubeginn der einzelnen Einheiten lag zwischen 1963 und 1971. Die Schiffe liefen von 1966 bis 1974 vom Stapel und wurden zwischen 1967 und 1975 in Dienst gestellt. Sie waren während des Kalten Krieges die »Arbeitspferde« unter den Angriffs-Atom-U-Booten der US Navy. Die letzten neun Einheiten erhielten einen um rund drei Meter längeren Rumpf (»Long Hull«). Von den bereits solchermaßen vergrößerten Booten dieser Klasse wurde 1987 die *USS Parche* um eine weitere, etwa 30 Meter lange Sektion vor dem Turm verlängert, die einen Aufbau zur Aufnahme extrem langer Kabel trug, zu Aufklärungs- und Entwicklungszwecken. Drei der »Long-Hull«-Einheiten erhielten nicht, wie

USS Sturgeon, *SSN-637, ebenfalls 1967 bei Testfahrten vor der Indienststellung. Auffällig ist das lange Sonar-Kabel auf der Rumpfoberseite backbords.*

USS Grayling, *SSN-637, ein Boot der* Sturgeon-*Klasse 1996 im Mittelmeer. Im Vordergrund lässt ein SH-60 Seahawk Helikopter ein Tauch-Sonar ins Wasser.*

USS Lapon, SSN-661, ein Boot der Sturgeon-Klasse, ist 1988 im arktischen Eis aufgetaucht. Zum Durchstoßen des Eises können die Tiefenruder am Turm in eine senkrechte Position gebracht werden.

traditionellen üblich, die Namen von Meerestieren. Stattdessen wurden sie nach US-Kongressabgeordneten benannt – ein Novum bei Angriffs-U-Booten der US Navy. *USS Guitarro* sank 1969 durch menschliches Versagen der Werftarbeiter am Ausrüstungskai. Das Boot musste gehoben werden und wurde schließlich unter Mehrkosten von über 20 Millionen US-Dollar verzögert fertiggestellt. Die *USS Guitarro* diente später als erste U-Boot-Plattform für den Start von *Tomahawk*-Marschflugkörpern aus den Torpedorohren, ohne dass es deshalb zum SSGN umklassifiziert wurde. Diese können sowohl mit konventionellen als auch nuklearen Sprengköpfen bestückt werden. 1990 besichtigte der Generalsstabschef der UdSSR das Schiff. *USS Tautong* kollidierte 1970 vor Kamtschatka mit dem sowjetischen *Echo II*-Klasse-Boot *K-108*. Während das sowjetische Boot eine Schraube verlor, verbog sich der Turm des US-Bootes um zwei Grad. 1974 kollidierte *USS Pintado* eben-

SSN-637 bis SSN-639, SSN-646 bis SSN-653, SSN-660 bis SSN-670, SSN-672 bis SSN-684, SSN-686, SSN-687	
Bauwerften	Electric Boat Co., Groton, CT (11) Ingalls, MS (6), New York Shipbdg., NJ (1), Portsmouth N.Y., ME (2), Mare Island, CA (5), General Dynamics, Quincy, MA (3), Newport News Shipbdg., VA (9)
Stapelläufe	1966 bis 1974
Wasserverdrängung	3640/4640, bzw. /4960, Parche n.U. /7800 ts.
Abmessungen (L x B x T)	89 bzw. 92,1 x 9,7 x 8,9 m, Parche n.U. L 122,4
Antrieb	1 S5W Reaktor, Dampfturbinen, 15000 PS, 1 Welle
Geschwindigkeit	15/26 kn
Bewaffnung	4 x 53,3 cm-Torpedorohre, SUBROC, Harpoon, Tomahawk, Minen

USS Pintado, *SSN-672, ein Boot der* Sturgeon-*Klasse, wurde 1989 mit einem Tiefsee-Rettungsfahrzeug (DSRV) ausgestattet, das auf dem achteren Rumpf installiert wurde.*

falls vor Kamtschatka mit einem sowjetischen *Yankee*-Klasse SSBN und wurde dabei beschädigt. *USS Grayling* kollidierte 1993 mit dem russischen *Delta-IV*-Klasse SSBN Novomoskovsk, *K-407* vor Kola. Zwischen 1992 und 2004 wurden alle Schiffe dieser Klasse außer Dienst gestellt.

Schiffserkennung: Wie die letzten Einheiten der *Thresher*-Klasse, aber mit etwas niedriger angebrachten Tiefenruder-Finnen am Turm. Einige Boote wie *USS Pintado*, *USS Billfish* und *USS Cavalla* trugen zeitweise im hinteren Teil DSRVs an Deck. *USS Archerfish* trug später hinter dem Turm einen DDS (Dry Dock Shelter)-Hangar für ein SEAL Delivery Submerged Vehicle (SDSV), auch SEAL Delivery Vehicle (SDV) genannt. Einige der jüngsten Einheiten, wie *USS Richard B. Russel*, erhielten um 1984 eine abgestufte Verlängerung des Turmes zur Aufnahme von Sonarbojen und teilweise auch einen tropfenförmigen Aufbau am Heck. *USS Parche* erhielt 1983 zunächst ein Advanced SAEL Delivery System (ASDS) über dem hinteren Rumpf und wurde beim Umbau 1987 um rund 30 Meter vor dem Turm verlängert, der so optisch in die Mitte des Rumpfes rückte. Die eingebaute Sektion erhielt einen breiten Aufbau, ähnlich den Raktensilos der SSBN. Die Tiefenruder-Finnen am Turm wurden höher angebracht.

USS Parche, *SSN-683, ein Boot der* Sturgeon-*Klasse, erhielt 1983 ein Advanced SEAL Delivery Vehicle (ASDV) für Spezialoperationen der Navy SEALs.*

USS Archerfish, *SSN-678, ein Boot der* Sturgeon-*Klasse, wurde 1993 mit einem Trockendock-Behälter, dem DDS-Hangar, für Spezialoperationen der Navy SEALs ausgestattet, der hinter dem Turm installiert wurde.*

USS Richard B. Russel, *SSN-687, das letzte Boot der* Sturgeon-*Klasse, erhielt, wie einige andere der Klasse hinter dem Turm einen Aufbau zur Aufnahme von Sonarbojen und über dem hinteren Rumpf einen weiteren kleineren Aufbau.*

USS Parche, *SSN-683, wurde 1994 zum Spezialoperations-U-Boot umgebaut und verlängert. Vor dem Turm wurde eine Sektion mit großem Aufbau auf dem Rumpf eingesetzt. Am Heck ist ein bereits vorher installierter kleiner Aufbau zu erkennen.*

USS Sturgeon (SSN-637); a.D. 1995, 1995 abgebrochen
USS Whale (SSN-638); a.D. 1996, 1997 abgebrochen
USS Tautog (SSN-639); a.D. 1997, 2002 abgebrochen
USS Grayling (SSN-646); a.D. 1997, 1998 abgebrochen
USS Pogy (SSN-647); a.D. 1999, 2000 abgebrochen
USS Aspro (SSN-648); a.D. 1995, 2000 abgebrochen
USS Sunfish (SSN-649); a.D. 1997, 1997 abgebrochen
USS Pargo (SSN-650); a.D. 1995, 1996 abgebrochen
USS Queenfish (SSN-651); a.D. 1992 , 1993 abgebrochen
USS Puffer (SSN-652); a.D. 1996, 1997 abgebrochen
USS Ray (SSN-653); a.D. 1993, 2001 abgebrochen
USS Sand Lance (SSN-660); a.D. 1998, 1999 abgebrochen
USS Lapon (SSN-661); a.D. 1992, 1997 abgebrochen
USS Gurnard (SSN-662); a.D. 1995, 1997 abgebrochen
USS Hammerhead (SSN-663); a.D. 1995, 1995 abgebrochen
USS Sea Devil (SSN-664); a.D. 1991, 1999 abgebrochen
USS Guitarro (SSN-665); a.D. 1992, 1994 abgebrochen
USS Hawkbill (SSN-666); a.D. 2000, 2000 abgebrochen
USS Bergall (SSN-667); a.D. 1996, 1997 abgebrochen
USS Spadefish (SSN-668); a.D. 1997, 1997 abgebrochen
USS Seahorse (SSN-669); a.D. 1995, 1996 abgebrochen
USS Finback (SSN-670); a.D. 1997, 1997 abgebrochen
USS Pintado (SSN-672); a.D. 1998 , 1998 abgebrochen
USS Flying Fish (SSN-673); a.D. 1996, 1996 abgebrochen
USS Trepang (SSN-674); a.D. 1999, 2000 abgebrochen
USS Bluefish (SSN-675); a.D. 1996, 2003 abgebrochen
USS Billfish (SSN-676); a.D. 1999, 2000 abgebrochen
USS Drum (SSN-677); a.D. 1995, 2001 abgebrochen
USS Archerfish (SSN-678); a.D. 1998, 1998 abgebrochen
USS Silversides (SSN-679); a.D. 1994, 2001 abgebrochen
USS William H. Bates (SSN-680); a.D. 2000, 2002 abgebrochen
USS Batfish (SSN-681); a.D. 1999, 2002 abgebrochen
USS Tunny (SSN-682); a.D. 1998, 1998 abgebrochen
USS Parche (SSN-683); a.D. 2004, 2006 abgebrochen
USS Cavalla (SSN-684); a.D. 1998, 2000 abgebrochen
USS L. Mendel Rivers (SSN-686); a.D. 2001, 2002 abgebrochen
USS Richard B. Russel (SSN-687); a.D. 1994 , 2002 abgebrochen

4.3.12 SSN-688 Los Angeles-*Klasse*

USS Los Angeles*, SSN-688, 1976 in Dienst gestelltes Typschiff der fünften Serie von nuklearen Angriffs-U-Booten der US Navy mit insgesamt 62 Einheiten. Hier bei der See-Erprobung.*

Mit 62 Einheiten ist dies die bislang zahlenmäßig größte Nachkriegs-U-Boot-Klasse der US Navy. Die Atom-Angriffs-U-Boote der *Los Angeles*-Klasse wurden bis auf eine Ausnahme nach Städten der USA benennt. Damit wurde eine Tradition der US Navy aufgegriffen, die bis Ende der 1950er-Jahre Kreuzern Städtenamen gegeben hatte. Der letzte Kreuzer mit einem Städtenamen, die *USS Long Beach*, CGN-9, das Typschiff der gleichnamigen Long Beach-Klasse, wurde aber erst 1995 außer Dienst gestellt. Ein Boot wurde – wenige Jahre vor dessen Tod 1986 – nach Vizeadmiral Hyman G. Rickover, dem »Vater« der US-Atom-U-Boote, benannt. Die Boote dieser Klasse wurden allesamt zwischen 1972 und 1992 auf Kiel gelegt. Sie liefen von 1974 bis 1995 vom Stapel und wurden schließlich zwischen 1976 und 1996 in Dienst gestellt. Die Schiffe wurden in drei Losen gebaut: 31 Boote (SSN-688 bis -718) im ersten Los, acht Einheiten (SSN-719 bis -725 und SSN-750) im zweiten und 23 Boote (SSN-751 bis -773) im dritten Los. Die Einheiten des zweiten Loses erhielten hinter dem Bug jeweils zwölf vertikale Abschussschächte (VLS) für Marschflugkörper. Beim dritten Los wurden noch zusätzlich die Tiefenruder am Turm

USS Los Angeles, *SSN-688, seitliche Ansicht von 1992 einlaufend Mare Island Navy Shipyard zum Brennstäbe-Austausch.*

durch einziehbare Ruder am Rumpf unterhalb der Wasserlinie hinter dem Bug ersetzt. Los (Flight) III wird auch teilweise auch als neue Unterklasse 668i (improved) beschrieben. Auch die Boote mit VLS-Schächten wurden nicht als SSGN klassifiziert. Die Boote erhielten einen neuen Reaktor-Typ und waren deutlich schneller als ihre Vorgänger der *Sturgeon*-Klasse. *USS Augusta* war Versuchsboot für ein neues Sonarsystem für die späteren *Seawolf*- und *Virginia*-Klassen. Das Boot kollidierte 1986 im Atlantik mit dem sowjetischen Atom-U-Boot *K-279*, einem SSBN der *Delta I*-Klasse, dem dabei der Bug eingedrückt wurde. 1992 kollidierte *USS Baton Rouge* mit dem russischen Atom-U-Boot *K-239*, SSN der *Sierra I*-Klasse in der Barentssee. Vor Hawaii sank 2001 nach einem Zusammenstoß mit *USS Greeneville* das japanische Fischereischulschiff *Ehime Maru* mit neun Todesopfern. *USS San Francisco* wurde 2005 bei einer Kollision mit einem unterseeischen Felsen schwer beschädigt; ein Besatzungsmitglied kam dabei ums Leben. Mit ihren *Tomahawk*-Marschflugkörpern betei-

USS Los Angeles, *SSN-688, Frontalansicht, 1982.*

SSN-688 bis SSN-725, SSN-750 bis SSN-773	
Bauwerften	Electric Boat Co., Groton, CT (33), Newport News Shipbdg., VA (29)
Stapelläufe	1974 bis 1995
Wasserverdrängung	6000/6927 ts.
Abmessungen (L x B x T)	110,3 x 10,1 x 9,5 m
Antrieb	1 S6G Reaktor, Dampfturbinen, 35000 PS, 1 Welle
Geschwindigkeit	25/30+ kn
Bewaffnung	4 x 53,3 cm-Torpedorohre, Harpoon, Tomahawk

USS Dallas, *SSN-700, mit Trockendock-Behälter (DDS) hinter dem Turm 2004 in Souda Bay, Kreta, Griechenland.*

Abendliche Flaggenparade auf USS Philadelphia*, SSN-690, der* Los Angeles-*Klasse in einem Hafen im Nahen Osten.*

USS Dallas, *SSN-700, der* Los Angeles-*Klasse mit Tiefsee-Rettungs-Fahrzeug Mystic, DSRV-1, auf dem achteren Rumpf in einem türkischen Hafen im Jahr 2001.*

ligten sich Einheiten der *Los Angeles*-Klasse an Angriffen auf Landziele im Irak 1991 und 2003 sowie in Afghanistan 2003.

Schiffserkennung: Wie *Sturgeon*-Klasse, aber länger, der Turm etwas kürzer und niedriger, dabei zugleich etwas weiter achtern angebracht. Die Boote des zweiten und dritten Bauloses besitzen vor dem Turm zwölf Startschächte für Marschflugkörper an Oberdeck, die Schiffe des dritten Loses haben keine Tiefenruder-Finnen am Turm. Einige Boote tragen zeitweise im hinteren Teil DSRVs an Deck. Beispielsweise trugen *USS Dallas* und *USS La Jolla* später hinter dem Turm einen DDS (Dry Dock Shelter)-Hangar für ein SEAL Delivery Submerged Vehicle (SDSV), *USS Greeneville* verfügte dagegen über ein Advanced SEAL Delivery System (ASDS) direkt auf dem hinteren Teil des Decks.

Not-Auftauch-Übung von USS Birmingham, *SSN-695, der* Los Angeles-*Klasse im Jahr 1977.*

USS Los Angeles (SSN-688); a.D. 2010, 2011 abgebrochen USS Baton Rouge (SSN-689); a.D. 1995, 1997 abgebrochen USS Philadelphia (SSN-690); a.D. 2010 USS Memphis (SSN-691); a.D. 2011 USS Omaha (SSN-692); a.D. 1995, 2011 abgebrochen USS Cincinnati (SSN-693); a.D. 1995, 2011 abgebrochen USS Groton (SSN-694); a.D. 1997, 2011 abgebrochen USS Birmingham (SSN-695); a.D. 1997, 2011 abgebrochen USS New York City (SSN-696); a.D. 1997 USS Indianapolis (SSN-697); a.D. 1998 USS Bremerton (SSN-698); a.D. 2021 USS Jacksonville (SSN-699); a.D. 2021 USS Dallas (SSN-700); a.D. 2018 USS La Jolla (SSN-701); a.D. 2019, Moored Training Ship, MTS-701, Charleston, SC USS Phoenix (SSN-702); a.D. 1998, 2007 abgebrochen USS Boston (SSN-703); a.D. 1999, 2002 abgebrochen USS Baltimore (SSN-704); a.D. 1998 USS City of Corpus Christi (SSN-705); a.D. 2016	USS Albuquerque (SSN-706); a.D. 2017 USS Portsmouth (SSN-707); a.D. 2004 USS Minneapolis-Saint Paul (SSN-708); a.D. 2009 USS Hyman G. Rickover (SSN-709); ex-Providence, a.D. 2006 USS Augusta (SSN-710); a.D. 2009 USS San Francisco (SSN-711); a.D. 2017, Moored Training Ship, MTS-711, Charleston, SC USS Atlanta (SSN-712); a.D. 1999 USS Houston (SSN-713); a.D. 2016 USS Norfolk (SSN-714); a.D. 2014 USS Buffalo (SSN-715); a.D. 2019 USS Salt Lake City (SSN-716); a.D. 2006, 2019 abgebrochen USS Olympia (SSN-717); a.D. 2021 USS Honolulu (SSN-718); a.D. 2007, Bugesektion an SSN-711, Rest 2008 abgebrochen USS Providence (SSN-719); 2021 in Reserve USS Pittsburgh (SSN-720); a.D. 2020 USS Chicago (SSN-721) USS Key West (SSN-722)

Seitliche Aufnahme von USS Dallas, *SSN-700, mit Trockendock-Behälter (DDS) hinter dem Turm bei gleichem Anlass.*

USS Greeneville, *SSN-772, eine Einheit des dritten Loses der* Los Angeles-*Klasse, mit Advanced SEAL Delivery Vehicle (ASDV) für Spezialoperationen der Navy SEALs auf dem achteren Rumpf.*

Zum Größenvergleich hier eine Aufnahme aus 1991 des Angriffs-Atom-U-Bootes USS San Francisco, *SSN-711, der* Los Angeles-*Klasse neben dem strategischen Raketen-Atom-U-Boot* USS Alabama, *SSBN-731.*

USS Albany, *SSN-753, eine Einheit des dritten Loses der* Los Angeles-*Klasse, erkennbar an den fehlenden Tiefenrudern seitlich am Turm; Aufnahme aus dem Jahr 2004.*

USS Oklahoma City (SSN-723); 2022 in Reserve	USS Springfield (SSN-761
USS Louisville (SSN-724); a.D. 2021	USS Columbus (SSN-762)
USS Helena (SSN-725)	USS Santa Fe (SSN-763)
USS Newport News (SSN-750)	USS Boise (SSN-764)
USS San Juan (SSN-751)	USS Montpelier (SSN-765)
USS Pasadena (SSN-752)	USS Charlotte (SSN-766)
USS Albany (SSN-753)	USS Hampton (SSN-767)
USS Topeka (SSN-754)	USS Hartford (SSN-768)
USS Miami (SSN-755): a.D. 2014	USS Toledo (SSN-769)
USS Scranton (SSN-756); 2022 in Reserve	USS Tucson (SSN-770)
USS Alexandria (SSN-757)	USS Columbia (SSN-771)
USS Asheville (SSN-758)	USS Greeneville (SSN-772)
USS Jefferson City (SSN-759)	USS Cheyenne (SSN-773)
USS Annapolis (SSN-760)	

4.3.13 SSN-608 Ethan Allen-*Klasse*

Alle fünf Schiffe der zweitältesten Klasse nuklearer strategischer Raketen-U-Boote (siehe auch Abschnitt 4.1.2) wurden 1980 und 1981 als Folge von Rüstungsbegrenzungs-Verträgen (SALT) mit der Sowjetunion von SSBN zu (langsamen) Angriffs-Atom-U-Booten SSN umgebaut und umklassifiziert. Die Feuerkontrollsysteme der SLBM/ICBM wurden ausgebaut, deren Schächte mit Beton verfüllt. *USS Sam Houston* und *USS John Marshall* trugen ab 1985 hinter dem Turm einen oder zwei DDS (Dry Dock Shelter)-Hangars für amphibische Operationen von Spezialkräften. Hierfür wurden teilweise die Raketenschächte entfernt oder als Laderäume hergerichtet. Alle Einheiten wurden zwischen 1983 und 1992 außer Dienst gestellt.

Schiffserkennung: Siehe Abschnitt 4.1.2. Zwei Einheiten trugen später einen oder zwei parallele tonnenförmige DDS (Dry Dock Shelter)-Hangars auf dem Oberdeck hinter dem Turm.

USS Sam Houston, *SSN-609, ex-SSBN-609, eines der fünf Boote der* Ethan Allen-*Klasse von strategischen Raketen-Atom-U-Booten (SSBN), die 1980 aufgrund von Rüstungskontroll-Verträgen zu Angriffs-Atom-U-Booten (SSN) zurückgebaut und umklassifiziert wurden. Äußerlich unverändert hatte man ihre Raketenschächte mit Beton verfüllt.*

USS John Marshall, *SSN-611, ex-SSBN-611, hier mit zwei parallelen Trockendock-Behältern (DDS) hinter dem Turm 1989 vor Haifa, Israel. (Foto: David Spence)*

SSN-608 bis SSN-611, SSN-618	
Bauwerften	Electric Boat Co., Groton, CT (2), Newport News Shipbdg., VA (3)
Stapelläufe	1960 bis 1962/1980 und 1981/1985
Wasserverdrängung	6700/7600 ts.
Abmessungen (L x B x T)	125 x 10,1 x 9,8 m
Antrieb	1 S5W Reaktor, Dampfturbinen, 15000 PS, 1 Welle
Geschwindigkeit	15-20/20+ kn
Bewaffnung	4 x 53,3 cm-Torpedorohre
USS Ethan Allen (SSN-608); a.D. 1985, 1998 abgebrochen USS Sam Houston (SSN-609); a.D. 1991, 1992 abgebrochen USS Thomas A. Edison (SSN-610); a.D. 1983, 1997 abgebrochen USS John Marshall (SSN-611); a.D. 1992, 1993 abgebrochen USS Thomas Jefferson (SSN-618); a.D. 1985, 1998 abgebrochen	

4.3.14 SSN-598 George Washington-*Klasse*

Diese drei Schiffe waren die einzigen drei der ältesten Klasse von fünf nuklearen strategischen Raketen-U-Booten (siehe auch Abschnitt 4.1.1), die zwischen 1981 und 1982 als Folge von Rüstungsbegrenzungsverträgen (SALT) mit der Sowjetunion von SSBN zu (langsamen) Angriffs-Atom-U-Booten SSN umgebaut und umklassifiziert wurden. Die Feuerkontrollsysteme der SLBM/ICBM wurden ausgebaut, deren Schächte mit Beton verfüllt. In dieser Form wurden die Schiffe aber nur kurze Zeit eingesetzt: Bereits 1983 bis 1984 stellte die Navy die drei Einheiten außer Dienst.

Schiffserkennung: Siehe Abschnitt 4.1.1.

USS Patrick Henry, *SSN-599, ex-SSBN-599, eines von drei Booten der* George Washington-*Klasse von strategischen Raketen-Atom-U-Booten (SSBN), die 1981/82 aufgrund von Rüstungskontroll-Verträgen zu Angriffs-Atom-U-Booten (SSN) zurückgebaut und umklassifiziert wurden. Hier bei der Außerdienststellungszeremonie 1984.*

SSN-598, SSN-599, SSN-601	
Bauwerften	Electric Boat Co., Groton, CT (2), Newport News Shipbdg., VA (1)
Stapelläufe	1959/1981 bis 1982
Wasserverdrängung	5900/6700 ts.
Abmessungen (L x B x T)	116,4 x 10,1 x 8,8 m
Antrieb	1 S5W Reaktor, Dampfturbinen, 15000 PS, 1 Welle
Geschwindigkeit	20/25 kn
Bewaffnung	6 x 53,3 cm-Torpedorohre
USS George Washington (SSN-598); a.D. 1984, 1997 abgebrochen USS Patrick Henry (SSN-599); a.D. 1984, 1997 abgebrochen USS Robert E. Lee (SSN-601); a.D. 1983, 1991 abgebrochen	

4.3.15 SSN-642 Kamehameha-*Klasse*

Diese beiden, ursprünglich 1965 und 1966 als SSBN in Dienst gestellten Schiffe waren die einzigen Einheiten der *Benjamin Franklin*-Klasse von zwölf nuklearen strategischen Raketen-U-Booten (siehe auch Abschnitt 4.1.4), die zwischen 1992 und 1994 als Folge von Abrüstungsverträgen (SALT II) mit der Sowjetunion von SSBN zu Angriffs-Atom-U-Booten SSN umgebaut und umklassifiziert wurden. Sie erhielten von Anfang an einen oder zwei DDS (Dry Dock Shelter)-Hangars hinter dem Turm, um die Schiffe für amphibische Operationen von Spezialkräften vorzubereiten. Hierfür wurden teilweise die Raketenschächte entfernt, zu Laderäumen umgewidmet oder mit Beton verfüllt. Die Feuerkontrollsysteme der SLBM/ICBM wurden ausgebaut. Erst 1999 (USS James K. Polk) und 2002 (*USS Kamehameha)* wurden sie außer Dienst gestellt. *Letztere hält mit einer Dienstzeit von 37 Jahren den Rekord für die längste Dienstzeit aller Atom-U-Boote der US Navy.*

Schiffserkennung: Siehe Abschnitt 4.1.4. Die zwei Einheiten trugen zusätzlich einen oder zwei parallele tonnenförmige DDS (Dry Dock Shelter)-Hangars auf dem Oberdeck hinter dem Turm.

USS Kamehamea*, SSN-642, ex-SSBN-642, eines von zwei Booten der* Benjamin Franklin-*Klasse von strategischen Raketen-Atom-U-Booten (SSBN), die 1992 zu Angriffs-Atom-U-Booten (SSN) zurückgebaut und umklassifiziert wurden, hier mit zwei parallelen Trockendock-Behälter (DDS) hinter dem Turm im Jahr 2001 vor Guam.*

SSN-642 und SSN-645	
Bauwerften	Mare Island N.Y., CA (1) Electric Boat Co., Groton, CT (1)
Stapelläufe	1965/1992 bis 1994
Wasserverdrängung	7325/8251 ts.
Abmessungen (L x B x T)	129,5 x 10,1 x 8,8 m
Antrieb	1 S5W Reaktor, Dampfturbinen, 15000 PS, 1 Welle
Geschwindigkeit	16/21 kn
Bewaffnung	4 x 53,3 cm-Torpedorohre
USS Kamehameah (SSN-642); a.D. 2002, 2003 abgebrochen USS James K. Polk (SSN-645); a.D. 1999, 2000 abgebrochen	

4.3.16 SSN-21 *Seawolf*-Klasse

Diese drei Einheiten, deren letzte deutlich länger und schwerer ausfällt, sollten Vorläufer einer Klasse von 30 bzw. 12 neuen Atom-Angriffs-U-Booten der US Navy für das 21. Jahrhundert werden. Daher stammt möglicherweise die ungewöhnliche

USS Seawolf, *SSN-21, das erste von drei Einzelschiffen zur Entwicklung neuer Standards im Bau von Angriffs-Atom-U-Booten der US Navy für das 21. Jahrhundert. Typisch für diese und die nachfolgend gebauten Boote der* Virginia-*Klasse ist die konkav ansteigende Linie am Sockel des Turmes, der wieder ohne Tiefenruder ist. Hier bei den Probefahrten 1996.*

USS Seawolf, *SSN-21, seitliche Ansicht, ebenfalls während der Probefahrten 1996 aufgenommen.*

SSN-21 bis SSN-23	
Bauwerften	Electric Boat Co., Groton, CT (3)
Stapelläufe	1995 bis 2004
Wasserverdrängung	7460/9137 bzw. /12139 ts.
Abmessungen (L x B x T)	107,6 bzw. 138,1 x 12,2 x 10,7 m
Antrieb	1 S6W Reaktor, Dampfturbinen, 52000 PS, 1 Pumpjet
Geschwindigkeit	25/35 kn
Bewaffnung	6 x 66 cm-Torpedorohre, Harpoon, Tomahawk, Mienen
USS Seawolf (SSN-21) USS Connecticut (SSN-22) USS Jimmy Carter (SSN-23)	

USS Connecticut, SSN-22, der USS Seawolf äußerlich sehr ähnlich, 2009 im Pazifik; hier mit Sikorsky SH-60F Oceanhawk U-Jagd-Helikopter.

Detailfoto der Turmfom von USS Jimmy Carter, *SSN-23, 2005 in der Bauwerft in Groton, Connecticut.*

Rumpfnummer SSN-21 für das Typschiff. Das erstgebaute Schiff erhielt den Traditionsnamen des zweiten Atom-U-Bootes der Navy, *USS Seawolf*, das zweite den eines US-Bundesstaates und das dritte denjenigen eines seinerzeit noch lebenden, ehemaligen US-Präsidenten. Die Boote, die die neuesten Technologien, einen neuen Reaktor-Typ und 66 cm-Torpedorohre erhielten, sollten extrem leise und sehr schnell sein. Ihr Bau sprengte jedoch jeden Zeit- und Kostenrahmen, sodass stattdessen die Serienfertigung der »abgespeckten« Boote der *Virginia*-Klasse erfolgte, für die gleichwohl viele der technischen Innovationen der drei Seawolf-Schiffen übernommen wurden. Das dritte dieser Boote, die *USS Jimmy Carter,* wurde während des Baus noch um ein gut 30 Meter langes Rumpfsegment ergänzt, dass zusätzlichen Raum für SEAL-Einsätze und zur Nachrichtensammlung bietet. Die Boote wurden zwischen 1989 und 1998 auf Kiel gelegt, sie liefen zwischen 1995 und 2004 vom Stapel und wurden zwischen 1997 und 2005 an die Navy übergeben.

Schiffserkennung: Wie *Los Angeles*-Klasse, aber etwas länger und erkennbar höher und breiter. Der Turm trägt keine seitlichen Tiefenruder, stattdessen sind diese, ähnlich wie bei Flight III der *Los Angeles*-Klasse, unter der Wasserlinie seitlich am Rumpf hinter der Bugsektion angebracht. Die untere Vorderkante des Turms zeigt eine konkav gewölbte ansteigende Form statt der üblichen geraden. An Steuerbord erstreckt sich über fast die gesamte Schiffslänge ab dem Turm ein deutlicher Wulst. Statt der Schiffsschraube am Heck arbeitet ein glockenförmiger Pumpjet unter der Wasserlinie. Die *USS Jimmy Carter* ist deutlich länger. Auf dem Vorschiff sind die Luken von wohl vier senkrechte Startschächten erkennbar.

USS Jimmy Carter, *SSN-23, mit deutlich längerem Achterschiff als* USS Seawolf und USS Connecticut, *2005 vor Neuengland.*

4.3.17 SSN-774 Virginia-Klasse

Gegenwärtig sind 21 Boote dieser Klasse in Dienst, zwei weitere sind bereits vom Stapel gelaufen. Darüber hinaus sind zehn Schiffe im Bau oder bestellt und vier weitere geplant, sodass die Virginia-Klasse schlussendlich 37 Einheiten umfassen soll. Die Boote sind bzw. werden in fünf Losen (oder Modifikationsstufen »Flights«) gebaut. Gegenwärtig sind Einheiten der Baulose I (vier Boote, SSN-774 bis -777), II (sechs Boote, SSN-778 bis -783), III (acht Boote, SSN-784 bis -791) und IV (drei Boote von geplanten zehn, SSN-792 bis -801) in Dienst. Die Boote verfügen über einen neuen Reaktortyp. Sie tragen die Namen von US-Bundesstaaten, die vorher strategische Raketen tragenden SSBN vorbehalten waren. Ein Boot erhielt davon abweichend den Namen eines noch lebenden ehemaligen US-Kongressmitgliedes. Eines der bereits vom Stapel gelaufenen Boote wird wieder den Namen von Vizeadmiral Hyman G. Rickover tragen. Ein noch nicht begonnenes Boot soll nach dem ehemaligen Marineminister John H. Dalton benannt werden. Wenn der US Navy die Bundesstaaten nach SSN-803 »ausgehen«, sollen die folgenden Einheiten auch wieder traditionelle Namen von Meerestieren erhalten. Für ein Boot ist allerdings auch der Namen der Stadt San Francisco vorgesehen.

USS Virginia, *SSN-774, 2004 in Dienst gestelltes Typschiff der sechsten Serie von nuklearen Angriffs-U-Booten der US Navy, hier während der Seeerprobung 2004.*

USS Virginia, *SSN-774, vor Portsmouth, Virginia im Jahr 2004.*

Die Boote werden, anders als die Vorgänger bis zur *Los Angeles*-Klasse in Sektionsbauweise hergestellt. Ab Los III sind die Boote mit zwölf VLS-Startrohren versehen, die wie bei den umgebauten SSGN der *Ohio*-Klasse unter zwei bis drei u-förmigen Deckelklappen im Vorschiff verborgen sind. Ab Los V sollen die Schiffe zusätzlich eine 25 Meter lange Sektion mit weiteren vier Deckelklappen für VLS in einem flachen, abgerundeten Aufbau hinter dem Turm erhalten. Die bis zu zehn so ausgestatteten Boote sollen dann die SSGN der *Ohio*-Klasse ersetzen, werden aber wohl weiter als SSN statt als SSGN klassifiziert bleiben. Die Beschaffung von je fünf Booten in den Losen VI und VII wird erwogen, da sich das Nachfolge-Programm SSN(X) verzögert. Neuerdings ist vorgesehen, eine noch nicht benannte Einheit des Loses V statt der Raketensilos mit einer Sektion für geheime Forschung und Entwicklung, Unterwasser- und Meeresboden-Kriegsführung auszustatten, ähnlich der USS Jimmy Carter, SSN-23.

Schiffserkennung: Wie erste Einheiten der Seawolf-Klasse, aber etwas länger, flacher und schmaler. Die Boote des Loses (Flight) V werden deutlich länger und erhalten hinter dem Turm einen flachen abgerundeten Aufbau, ähnlich den SSBN. Dort

SSN-774 bis SSN-811	
Bauwerften	Electric Boat Co., Groton, CT (16), Newport News Shipbdg., VA (3), Huntington Ingalls Ind., Newport News, VA (14)
Stapelläufe	Ab 2003
Wasserverdrängung	7800 bzw. 10200 ts.
Abmessungen (L x B x T)	114,9 bzw. 140,2 x 10,4 x 9,8 m
Antrieb	1 S9G Reaktor, Dampfturbinen, 40000 PS, 1 Pumpjet
Geschwindigkeit	25+ kn
Bewaffnung	4 x 53,3 cm-Torpedorohre, Harpoon, Tomahawk, Minen

USS New Hampshire, *SSN-778, aus dem dritten Los der* Virginia-*Klasse mit einem Trockendock-Behälter (DDS) auf dem mittleren Rumpf.*

USS Virginia (SSN-774)	USS Oregon (SSN-793)
USS Texas (SSN-775)	USS Montana (SSN-794)
USS Hawaii (SSN-776)	USS Hyman G. Rickover (SSN-795)
USS North Carolina (SSN-777)	USS New Jersey (SSN-796); 2021 vom Stapel
USS New Hampshire (SSN-778)	USS Iowa (SSN-797); 2023 vom Stapel
USS New Mexico (SSN-779)	USS Massachusetts (SSN-798); 2020 Kiellegung
USS Missouri (SSN-780)	USS Idaho (SSN-799); 2020 Kiellegung
USS California (SSN-781)	USS Arkansas (SSN-800); 2022 Kiellegung
USS Mississippi (SSN-782)	USS Utah (SSN-801); 2021 Kiellegung
USS Minnesota (SSN-783)	USS Oklahoma (SSN-802); 2020 Kiellegung
USS North Dakota (SSN-784)	USS Arizona (SSN-803); 2022 Kiellegung
USS John Warner (SSN-785)	USS Barb (SSN-804); 2021 Kiellegung
USS Illinois(SSN-786)	USS Tang (SSN-805); 2021 Kiellegung
USS Washington (SSN-787)	USS Wahoo (SSN-806); 2021 Kiellegung
USS Colorado (SSN-788)	USS Silversides (SSN-807); 2021 Kiellegung
USS Indiana(SSN-789)	USS John H. Dalton (SSN-808)
USS South Dakota (SSN-790)	USS Long Island (SSN-809)
USS Delaware (SSN-791)	USS San Francisco (SSN-810)
USS Vermont (SSN-792)	USS n.n. (SSN-811)

Modell (Maßstab 1:1250) des seit Dezember 2022 im Bau befindlichen ersten Bootes des fünften Loses der Virginia*-Klasse, der* USS Arizona*, SSN-803, mit Aufbau für die zusätzlichen VLS hinter dem Turm, dessen Positionierung auch etwas weiter achtern realisiert werden könnte.*

sind vier (auf dem Vorschiff der Einheiten ab Flight III zwei bis drei) u-förmige Lukenklappen vorgesehen. Die Boote der älteren Lose haben dafür zwölf kleinere Startröhrendeckel im Vordeck, ähnlich wie Flight II und III der *Los Angeles*-Klasse, aber in etwas anderer Anordnung. Einige Schiffe, etwa *USS New Hampshire*, *USS North Carolina* und *USS New Mexico,* tragen einen DDS-Hangar auf dem Deck, deutlich hinter dem Turm.

USS North Dakota*, SSN-784, drittes Los mit neu geformten Abdeckungen für die VLS-Startschächte am Bug; Aufnahme aus dem Jahr 2014.*

4.3.18 SSN(X)-Klasse

Eine »Improved Virginia«-Klasse wird seit 2014 zur Indienststellung nach 2040 geplant. Diese Einheiten sollen ebenso wie moderne russische und chinesische U-Boote bereits heute oder in naher Zukunft auch extrem-Langstrecken- und Hyperschall-Waffen einsetzen können.

4.4. Nukleare Radar-Frühwarn-U-Boote (Radar Picket Submarine [nuclear propulsion], SSRN)

4.4.1 SSRN-586 Triton

Im Hintergrund ist der trapezoide Aufbau vor dem Heck zu sehen, den USS Triton, *SSRN-586, während ihrer kurzen operativen Zeit als nuklear angetriebenes Radar-Frühwarn-U-Boot zeitweilig mitführte, auch während ihrer getauchten »Weltumsegelung« 1960. Im Vordergrund die Indienststellung der unglückseligen* USS Scorpion, *SSN-589.*

SSRN-586	
Bauwerften	Electric Boat Co., Groton, CT
Stapelläufe	1958
Wasserverdrängung	5963/7773 ts.
Abmessungen (L x B x T)	136,3 x 11,3 x 7,3 m
Antrieb	2 S4G-Reaktoren, Dampfturbinen, 34000 PS, 2 Wellen
Geschwindigkeit	30+/27+ kn
Bewaffnung	6 x 53,3 cm-Torpedorohre
USS Triton (SSRN-586); ab 1961 SSN, a.D. 1969, 2009 abgebrochen	

Das Einzelschiff *USS Triton* war als eine vergrößerte und deutlich verlängert Variante der *Skate*-Klasse und der konventionellen Radar-Frühwarn-U-Boote der *Sailfish*-Klasse von 1956 konzipiert. Es hatte als bislang einziges Atom-U-Boot der Navy zwei Reaktoren des Typs S4G, die hintereinander angeordnet waren. Diese sollten der Triton eine besonders hohe Über- und Unterwassergeschwindigkeit ermöglichen. Ihr Bau begann 1956, der Stapellauf war 1958 und sie wurde Ende 1959 als Radarfrühwarn-Atom-U-Boot in Dienst gestellt. Bereits 16 Monate später wurde nach Aufgabe des Konzeptes der Überwasser- und Unterwasser-Radar-Frühwarn-Einheiten der US Navy und deren Ersatz durch Trägerflugzeuge die Radaranlage im Turm des Bootes ausgebaut und das Boot zum Angriffs-U-Boot SSN umklassifiziert. In der Konfiguration als SSRN führte sie aber 1960 noch die erste Unterwasser-Umrundung der Welt durch (Siehe auch Abschnitt 4.3.5)

Schiffserkennung: Konventioneller Rumpf mit Unterwasser-»Rammbug«. Der sehr hohe und lange Turm befand sich auf dem vorderen Rumpfdrittel. Zwischenzeitlich befand sich noch nahe dem Heck ein trapez-förmiger Aufbau auf dem Deck.

USS Triton, *SSRN-586, während ihrer kurzen operativen Zeit als nuklear angetriebenes Radar-Frühwarn-U-Boot, kurz vor dem Start der getauchten »Weltumsegelung« im Jahr 1960. (Foto: William Headly)*

4.5. Nukleare Versuchs-U-Boote (Submersible Research Vessel, Nuclear / Deep Submergence Vessel, NR)

4.5.1 NR-1 (Naval Reactor-1)

Dieses nuklear angeriebene kleine Forschungs-U-Boot entstand auf Initiative von Vizeadmiral Rickover für Tieftauchexperimente unter 900 Meter. Als Name wird auch »Nuclear Reactor-1« angegeben. Das Boot wurde 1967 auf Kiel gelegt, es lief 1969 vom Stapel und wurde im selben Jahr fertiggestellt. Nach seiner Inaktivierung 2008 sind Turm, Propeller, Ruder und Greifarm seit 2015 in Groton, Connecticut im Museum ausgestellt. Der Kontrollraum befindet sich seit 2018 ausgestellt in Keyport, Washington. Neben zivilen Forschungsaufgaben führte das Boot beispielsweise auch Suchoperationen nach abgestürzten Kampfflugzeugen und Raketen sowie verunglückten U-Booten durch. Terzibaschitsch »erfand« für dieses nicht-kommissionierte Boot der US Navy die Klassifikations-Kategorie SSAN (Submarine, Auxiliary, Nuclear / Nukleare Hilfs-U-Boote). Logischer wäre vielleicht – in Analogie zur konventionell angetriebenen AGSS-55 Dolphin (Submarine, Auxiliary, General / Allgemeines Hilfs-U-Boot) mit ähnlichem Aufgabenbereich – eine Kategorie AGSSN gewesen, die allerdings dann unübliche fünf Buchstaben umfasst hätte.

Schiffserkennung: Eher konventioneller röhrenförmiger Rumpf mit aufgesetztem Aufbau mit flachem Oberdeck und flachem kufenartigem Kiel, der kleine Turm mit seitlich angebrachten Tiefenrudern war weit vorn angebracht und hatte am hinteren Ende einen breiten Mastaufbau. Am Heck trapezoides Seitenruder. Dieses und der Turm waren nicht in typischem U-Boot-Anthrazit, sondern in Signalrot angestrichen. Auf dem flach abfallenden Bug stand ein gitterförmiger gebogener Kran. An der Rumpfunterseite hinter dem Bug befand sich ein Greifarm.

Nukleares Forschung-U-Boot NR-1, *1986 in Florida, zuletzt mit rotem Anstrich am Turm und am oberen Seitenruder.*

NR-1	
Bauwerften	Electric Boat Co., Groton, CT
Stapelläufe	1969
Wasserverdrängung	366/394 ts.
Abmessungen (L x B x T)	44,2 x 3,7 x 4,6 m
Antrieb	1 Reaktor, turboelektrisch, 1 oder 2 Propeller
Geschwindigkeit	4,5/3,5 kn
Bewaffnung	–
Naval Reactor-1 (NR-1); inaktiviert 2008	

5. Weiteres Wissenswertes über U.S. Atom-U-Boote

5.1 Nordpolar-Einsätze der U.S. Atom-U-Boote

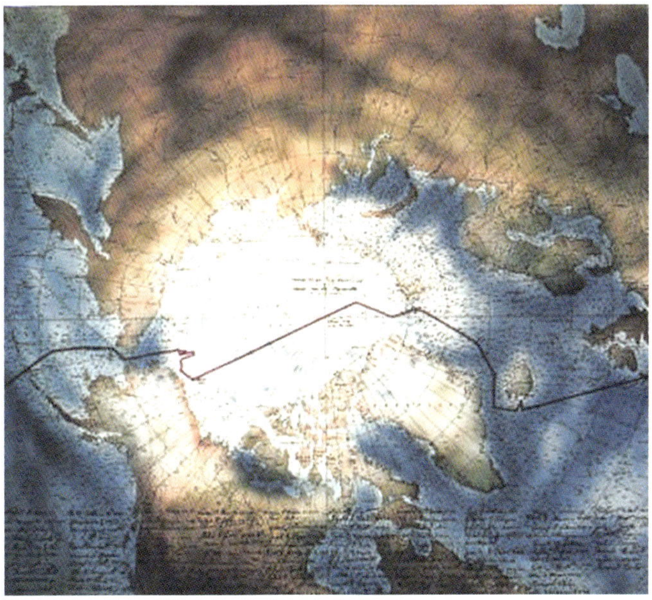

Der Kurs der USS Nautilus, *SSN-571 bei ihrer Polüberquerung 1958.*

USS Skate, *SSN-578, taucht 1959 als erstes Boot am Nordpol auf und durchbricht dort das Eis.*

Zwei Matrosen hissen auf USS Nautilus, *SSN-571, die Gedenk-Flagge der Nordpolüberquerung.*

Die arktischen Einsätze der US-Atom-U-Boote dienten vermutlich mehreren Zwecken: Zunächst zur rein sachlichen Demonstration, was teure, Außenluft-unabhängige, nuklear angetriebene U-Boote leisten können, zugleich aber auch zur Beeindruckung der eigenen und der internationalen Öffentlichkeit. Der Expeditionscharakter der Fahrten, die auch gänzlich neue technologischen Möglichkeiten zur Polarforschung ermöglichten, sollte in der westlichen Öffentlichkeit den »Sputnik-Schocks« von 1957 vergessen machen und für die sowjetische Öffentlichkeit als Ausrufezeichen dienen.
Zudem bot die Kartierung des Meeresgrundes unter dem ewigen Eis die Möglichkeit, Sensoren sowie nicht-strategische und strategische nukleare Waffen undetektierbar näher an den Gegner (Sowjetunion) heranzubringen. Die Ansage an die Sowjetunion war klar: Sie reduzierten die Vorwarnzeiten der Sowjets und minimierten so zugleich deren Anreize zu einem

USS Skate*, SSN-578, und USS Seadragon, SSN-584, treffen sich 1962 aufgetaucht am Nordpol.*

Präventivschlag, aber auch seine Möglichkeiten zu Gegenreaktionen im Ernstfall und verstärkten somit die Abschreckung.

Statt einer angedachten getauchten Unterwasser-Weltumrundung durch das erste Atom-U-Boot der US Navy, die *USS Nautilus*, schlug deren Kommandant William R. Anderson eine getauchte Passage des Nordpols unter dem arktischen Eis vor. Zu einem ersten Versuch im Rahmen dieser *»Operation Sunshine«* lief das Boot im August 1957 von seinem Heimathafen Groton/New London im Bundesstaat Connecticut aus. Das Unternehmen hatte jedoch wegen der zu großen Dicke des Eises zunächst keinen Erfolg. Im April 1958 lief das Boot erneut zu diesem Zweck aus, um von Seattle im Bundesstaat Washington aus, um einen weiteren Versuch durch die Beringstraße zu unternehmen. Auch diesmal scheiterte man an der Dicke des Eises in der Tschuktschensee. Im Juli unternahm man von Pearl Harbour auf Hawaii aus einen weiteren Versuch. Diesmal lautete der Plan, auf der Route über den Nordpol in den arktischen Ozean zu gelangen. Die Mission war erfolgreich: Am 3. August 1958 um 23:15 Uhr passierte die USS Nautilus in 120 Meter Tiefe den Nordpol. Nach weiteren vier Tagen unter dem Eis tauchte das Boot östlich vor Grönland auf und die Besatzung informierte US-Präsident Eisenhower per Funkspruch über den Erfolg. Anschließend lief die *USS Nautilus* nach einem Zwischenstopp in Reykjavik auf Island am 16. August die britische Hafenstadt Portland an. Dort wurden das Schiff und seine Besatzung vom Publikum enthusiastisch gefeiert, zusätzlich wurde die Besatzung durch den dortigen US-Botschafter noch mit einem Orden ausgezeichnet. Eine Woche später lief die *USS Nautilus* New York City an, wo der »Vater der Atom-U-Boote«, Admiral Rickover, das Boot und die Besatzung empfing, die dann mit einer Konfetti-Para-

USS Sargo, *SSN-583, taucht 1960 am Nordpol auf. Die Besatzungsmitglieder gehen »außenbord«.*

1986 tauchten mit USS Ray, *SSN-653,* USS Hawkbill, *SSN-666, und* USS Archerfish, *SSN-678, erstmals drei SSN simultan in der Nähe des Nordpols auf. Eines der drei Boote der* Sturgeon-*Klasse hat sei Tiefenruder zum Durchbrechen des Eises senkrecht gestellt.*

USS Queenfish, *SSN-651, 1970 aufgetaucht am Nordpol. Die Besatzungsmitglieder stehen auf dem Achterdeck und auf dem Turm.*

Erstmals nach fast dreißig Jahren tauchten 2001 zwei SSN der US Navy wieder am Pol auf, hier USS Scranton, *SSN-756, der* Los Angeles-*Klasse.*

de auf dem Broadway geehrt wurde. Im Oktober kehrte das Boot in seinen Heimathafen zurück.

Nur eine Woche nach der *USS Nautilus* erreichte die *USS Skate* ebenfalls die unmittelbare Nähe des Nordpols, konnte ihn jedoch wegen der Eisverhältnisse nicht passieren. Dafür gelang es dem Schiff und seiner Besatzung auf dieser Fahrt, neunmal die Eisdecke zu durchstoßen, wobei 30 Seemeilen vom Pol entfernt durch ein Loch im Eis ein Funksignal abgegeben werden konnte. Am 23. August 1958 wurde die *USS Skate* in Bergen vom dortigen US-Botschafter und dem norwegischen König Olav V. empfangen und inspiziert. Knapp ein Jahr später, am 17. März 1959, gelang dem Boot dann das vollständige Auftauchen am Pol, wo die Besatzung die Asche aus der Urne des 1958 verstorbenen australischen Polarforschers Hubert Wilkins verstreute, der bereits 1931 vergeblich versucht hatte, mit einem umgebauten konventionellen U-Boot, der *RV Nautilus* (die ehemalige *USS O-12*, *SS-73)*, den Pol zu erreichen. Im Jahr 1960 tauchte die *USS Sargo*, ebenfalls ein Schiff der Skate-Klasse, als drittes US-Atom-U-Boot am Pol auf. Am 2. August 1962 tauchte die *USS Skate* und ihr Schwesterboot, die *USS Seadragon* gemeinsam am Pol auf, nachdem beide Schiffe einem Rendezvous folgend vier Tage lang gemeinsam unter dem Eis operiert hatten. 1970 tauchte die *USS Queenfish* der neueren *Sturgeon*-Klasse als viertes US-Atom-U-Boot am Nordpol auf.

USS Providence, *SSN-719, 2008 aufgetaucht am Nordpol zur Feier des 50. Jahrestages der* USS Nautilus-*Expedition.*

In der Folge führten zahlreiche Vertreterinnen der US-Angriffs-Atom-U-Boots-Klassen Operationen unter dem arktischen Eis mit gelegentlichem Durchbrechen des Eises oder dem Auftauchen aus temporären Löchern im Eis (Polynya) durch, was aber nicht mehr so prominent öffentlich dargestellt wurde. Über entsprechende arktische Operationen auch der US-Raketen-U-Boote ist wenig öffentlich bekannt geworden, jedoch sind solche sehr wahrscheinlich, zumal ähnliche Missionen auch von sowjetischen Einheiten dokumentiert wurden.
1986 tauchten mit den Booten *USS Ray*, *USS Hawkbill* und *USS Archerfish* erstmals drei SSN der *Sturgeon*-Klasse simultan nahe am Nordpol auf. USS Hampton, SSN-767, traf 2004 aufgetaucht am Nordpol mit dem britischen Boot HMS Tireless zusammen.
2018 gab es dort auch ein aufgetauchtes Rendezvous von zwei Atom-U-Booten der US Navy (*USS Connecticut* und *USS Hartford*, ein Boot der *Los Angeles*-Klasse) mit einem britischen Atom-U-Boot, der *HMS Trenchant*.
Des Weiteren gibt es aber auch einige Aufnahmen von Booten der *Virgina*-Klasse aufgetaucht im Eis.
Heute operieren vermutlich vor allem die dafür optimierten Atom-Angriffs-U-Boote der *Seawolf*-Klasse und die Raketen-Atom-U-Boote der *Ohio*-Klasse regelmäßig unter dem arktischen Eis.
Im Rahmen der wiederkehrenden ICEX-Übungen werden seit 1959 im meist zweijährigen Rhythmus diese Fähigkeiten und das Zusammenwirken mit temporären Stationen auf dem Eis geübt.

Besatzungsmitglieder und Wissenschaftler an Bord von USS Hampton, *SSN-767, während der Expedition ICEX 2016.*

USS Sturgeon, *SSN-637, am Pol 1989 noch mit zum Durchbrechen des Eises hochgestellten Tiefenrudern am Turm.*

USS Whale, *SSN-638, am Pol 1969 – ebenfalls mit zum Durchbrechen des Eises hochgestellten Tiefenrudern am Turm.*

USS Providence, *SSN-719, 2008 aufgetaucht am Nordpol unter stimmungsvollem Himmel.*

Nach ihrer Nordpolfahrt läuft die USS Nautilus *in New York ein. Die Besatzung wird später auf dem Broadway mit einer Konfetti-Parade geehrt.*

USS Skate, *SSN-578, 1962 aufgetaucht am Nordpol. Zwei Besatzungsmitglieder stehen auf dem Eis.*

Besatzungsmitglieder von USS Skate, *SSN-578, und* USS Seadragon, *SSN-584, treffen sich 1962 auf dem Eis am Nordpol. Sie tauschen dabei Flaggen und Gedenkplaketten aus.*

Das britische Atom-U-Boot HMS Tireless *aufgetaucht am Nordpol, 2004 fotografiert von Bord der* USS Hampton, *SSN-767.*

USS Hampton, *SSN-767, und Besatzungsmitglieder 2004 am Nordpol. Das Aufstellen eines solchen Schildes ist Tradition für die Besatzungen aller dort aufgetauchten US-Atom-U-Boote.*

USS Hampton, SSN-767, aufgetaucht am Nordpol 2004. Das Boot traf dort mit der HMS Tireless der Royal Navy zusammen.

5.2 Versorgung und Logistik der U.S. Atom-U-Boote

USS Fulton, *AS-11, nach dem FRAM II-Umbau 1972 vor Italien.*

Bereits 1914 stellte die US Navy ihr erstes speziell zur Versorgung von U-Booten bestimmtes Hilfsschiff in Dienst, die *USS Fulton*, AS-1, U-Boot-Tender wie die Fulton versorgen U-Boote bis heute mit Betriebsstoffen, Frischwasser, Lebensmitteln, Konsumgütern, Post, Ersatzteilen und Munition. Sie verfügen über medizinische Kapazitäten und Werkstätten, zudem bieten sie Unterkünfte für deren Besatzungen. Tender werden meist außerhalb von den Heimatstützpunkten der U-Boot-Flottillen eingesetzt. Während einige der früheren Einheiten angekaufte oder umklassifizierte, umgebaute Einheiten waren und nur einige wenige (*USS Bushnell*, AS-2, von 1915 und *USS Holland*, AS-3, von 1921) eigens für ihren Verwendungszweck entworfen und gebaut wurden, begann die US Navy 1939 mit der zweiten *USS Fulton*, AS-10, den Serienbau großer U-Boot-Tender. Von diesem Typ mit zwei Schornsteinen und zwei parallel aufgestellten markanten großen Drehkränen dahinter wurden sieben Stück gebaut. Diese Schiffe wurden ab 1959 im Rahmen des FRAM II-Programms modernisiert, wobei die Aufbauten bis kurz vor das Heck verlängert wurden. Einige Schiffe erhielten zudem ein Hubschrauberdeck. Die ursprünglichen 12,7 cm-Geschütze wurden dabei zumeist ausgebaut. Weitere sieben U-Boot-Tender wurden während des Zweiten Weltkrieges als Modifikationen von Standard-Frachtern der US Maritime Commission (Typen C1 und C3) fertiggestellt.

Nach dem Krieg wurde 1962 mit der *USS Hunley*, AS-31, ein neuer Typ speziell zur Versorgung von Raketen-Atom-U-Booten in Dienst gestellt. Auch die zweite Einheit dieses Einschornstein-Designs, die zweite *USS Holland*, AS-32, erhielt anfänglich einen großen 32 Tonnen-Gittermast-Hammerkopfkran achtern zur Beschickung der Startschächte längsseits gegangener SSBN mit ICBM/SLBM. Dieser wurde 1974/1975 im Zuge des Übergangs von Polaris- zu Poseidon-Raketen auf beiden Schiffen durch konventionellere 60 Tonnen-Drehkräne ersetzt.

Bereits 1960 wurde die eigens reaktivierte *USS Proteus*, AS-19, der *Fulton (II)*-Klasse von 1942 um gut 13 Meter verlängert und mit einem großen, beidseits außenbords schwenkbaren Portalkran zur Beschickung der Startschächte längsseits

USS Proteus, *AS-19, nach Umbau zur SSBN-Versorgung Anfang der 1970er-Jahre in Apra, Guam – hier allerdings mit einem SSN längsseits.*

USS Hunley, *AS-31, 1962 noch mit dem ursprünglichen großen Hammerkopfkran zur SSBN-Raketen-Versorgung.*

gegangener SSBN mit ICBM/SLBM ausgestattet worden. Sie sollte eigens für die Versorgung der ersten SSBN-Klassen eingesetzt werden.

Im Jahr 1964 wurde *USS Simon Lake*, AS-33, als Typschiff einer zwei Einheiten umfassenden Klasse in Dienst gestellt. Beide Schiffe hatten ihren Einzelschornstein weit achtern. Alle diese in der Nachkriegszeit gebauten oder zu diesem Zweck umgebauten Schiffe sind zur Versorgung von SSBN einschließlich der Möglichkeit zur Beladung mit ICBM/SLBM einschließlich Trident ausgelegt; jeder SSBN-Flottille war ein Tender zugeordnet.

Recht ähnlich wie die *Simon Lake*-Klasse waren die zwei Schiffe der *USS L. Y. Spear* (AS-36)-Klasse von 1967 und die drei Schiffe der *Emory S. Land* (AS-39)-Klasse von 1977, die sich von ihren beiden Vorgängern durch einen großen 30 Tonnen-Kran mittschiffs achtern und eine fehlende Absenkung auf das Oberdeck mittschiffs unterschieden. Die Schiffe der *L. Y. Spear*- und der *Emory S. Land*-Klassen wurden allerdings bereits zur Versorgung von SSN, und letztere vor allem für die Versorgung der damals neuen *Los Angeles*-Klasse konzipiert. Sie ersetzten die alten Tender *der Fulton*-Klasse aus der Zeit des Zweiten Weltkriegs.

Bis auf die *USS Proteus* hatten alle diese Einheiten achtern eine Helikopter-Landeplattform, aber keinen Hangar. Sie wurden meist in Holy Loch, Schottland oder in Rota, Spanien stationiert. Weitere Einheiten waren in Gaeta in Italien, in La Maddelena auf Sardinien, in Subic Bay auf den Philippinen oder in Diego Garcia, British Indian Ocean Territory sowie an weiteren US-Stützpunkten stationiert. Die letzten beiden noch aktiven U-Boot-Tender der US Navy, die *Emroy S. Land*, AS-39, und *USS Frank Cable*, AS-40, sind in Apra auf Guam stationiert. Alle anderen Nachkriegsbauten wurden bis 1999 außer Dienst gestellt.
Die nachfolgende Tabelle gibt einen Überblick über die in der Versorgung der US-Atom-U-Boote eingesetzten *Tender*-Klassen:

Klasse	Name Typschiff	Anzahl	Tonnage	Länge	In Dienst	Außer Dienst	Versorgung von
AS-11	Fulton (II)	6 (7)	10.100 ts.	161 m	1940-1943	1970-1993	SSN
AS-19 n. Umbau	Proteus	1 (0)	10.600 ts.	174 m	1960	1992	SSBN
AS-31	Hunley	2	12.900 ts.	183 m	1962-1963	1994-1996	SSBN
AS-33	Simon Lake	2	12.700 ts.	196 m	1964	1999	SSBN
AS-36	L. Y. Spear	2	13.800 ts.	197 m	1970-1971	1995-1996	SSN
AS-39	Emory S. Land	3	13.900 ts.	198 m	1979-1981	1999- i. Dienst	SSN

Regelmäßig werden bei den US-Atom-U-Booten während eines längeren Werftaufenthaltes im Trockendock die Brennstäbe der Atomreaktoren ausgetauscht und die Boote selbst technisch überholt (Refueling and Overhaul, ROH). Anfänglich erfolgte dies bis zu dreimal während der geplanten Lebenszeit der Boote, etwa nach jeweils fünf Jahren, heute nur noch alle 20 Jahre, etwa in der Mitte der geplanten Dienstzeitdauer.

Nach der Außerdienststellung eines US-Atom-U-Bootes erfolgt in einem mehrjährigen Prozess die Entfernung und Entsorgung der Brennstäbe in der Naval Reactors Facility im Idaho National Laboratory. Im nächsten Schritt erfolgt die Zerlegung des Rumpfes im Trockendock auf der Abwrackwerft in Pudget Sound/Seattle, Washington. Der Nuklearreaktor – und bei Raketen-Atom-U-Booten auch die Raketensektion – wird in ein Zwischenlager nach Hanford Site, Richland, Washington verbracht und dort eingelagert. Der Rest des Bootes wird weiter zerlegt und schließlich verschrottet. Das erste so im Rahmen des Ship-Submarine Recycling Program ab 1990 abgewrackte US-Atom-U-Boot war die *USS Robert E. Lee*, SSBN-601. Mittlerweile wurden über 100 US-Atom-U-Boote auf diese Weise entsorgt. Die Kosten dafür lagen anfänglich bei etwa rund 40 Millionen US-Dollar pro Boot.

Vier SSBN 1993 im Trockendock während des Ausbaus und der Verschrottung ihrer Raketensektionen im Rahmen des SALT II-Abrüstungsvertages.

USS Canopus, *AS-34, mit einem SSN an der gegenüber liegenden Pierseite.*

USS Emory S. Land, *AS-39, in Norfolk, Virginia mit einem SSN an der gegenüber liegenden Pierseite.*

USS Francis Scott Key, *SSBN-657, wird 1981 durch den SSBN-Tender* USS Simon Lake *mittels eines seiner Hauptkräne mit SLBM-Startcontainern beladen.*

USS Thomas Jefferson, *SSBN-618, wird 1993 in Sardinien durch* USS Orion, *AS-18, versorgt. Im Vordergrund zwei Verkehrsboote der US Navy.*

USS Casimir Pulaski, *SSBN-618, wird 1964 in Charleston, South Carolina durch* USS Orion, *AS-18, versorgt.*

USS John Adams, *SSBN-620, während ihrer Generalüberholung 1973/74.*

Zwei SSBN der George Washington-*Klasse 1981/82 in Guam längsseits von* USS Proteus, *AS-19. Deutlich zu sehen ist die breite Krananlage des Versorgers zur Be- oder Entladung von SLBM-Raketen in bzw. aus den Startschächten. Beim rechten SSBN ist eine Siloluke aufgeklappt.*

USS Georgia, *SSGN-729, längsseits des SSBN-Tenders* USS Emory S. Land, *AS-39, zur Versorgung und zum Besatzungsaustausch.*

Luftaufnahme eines Teils der Ship Intermediate Maintenance Facility in der Puget Sound Naval Shipyard 1993. Ein U-Boot-Tender, Sperry *(AS-12) und sechzehn ehemalige Atom-U-Boote, u.a.* Seawolf *(SSN-575); sechs* George Washington- *und* Lafayette-*Klasse SSBN mit herausgeschnittenen Raketensilosektionen, und einige* Skate-, Skipjack-, Permit- *und* Sturgeon-*Klasse SSN. Alle erwarten ihre Verschrottung. (Foto: Wikimedia Commons/Carl Larsen)*

USS Lafayette, *SSBN-616, während einer Werftüberholung 1969 im Schwimmdock von Holy Loch, Schottland.*

USS Birmingham, *SSN-695, 1982 in Norfolk, Virginia, längsseits des U-Boot-Tenders* USS L.Y. Spear, *AS-36. Die Besatzungen beider Schiffe sind parademäßig angetreten.*

USS Shark, *SSN-591, 1983 in Norfolk, Virginia, längsseits des U-Boot-Tenders* USS L.Y. Spear, *AS-36.*

Taufzeremonie beim Stapellauf von USS Mariano G. Vallejo, *SSBN-658 1965 in Mare Island, California.*

Beladung von Startschächten von USS Stonewall Jackson, *SSBN-634, nach ihrer Grundübeholung 1965 in Bangor, Maine mit Polaris C3-Startcontaionern mittels Kran von einer Pier aus.*

5.3 Die Verträge zu den strategischen Nuklearwaffen

US-Präsident Richard Nixon und Leonid Breschnew, Generalsekretär der KPdSU, unterzeichnen am 26. Mai 1972 in Moskau den SALT I-Vertrag. (Foto: Wikimedia commons/Richard Nixon Presidential Library - Photo Gallery)

1972

SALT (Strategic Arms Limitation Talks Agreement) I Treaty

Der erste Vertrag über die Begrenzung der strategischen Nuklearwaffen von 1972 zwischen den USA und der UdSSR fror die Zahl der strategischen ballistischen Nuklearraketen auf dem damaligen Stand ein. Neue seegestützte ballistische Raketen (SLBM) durften nur noch nach Abrüstung einer gleichen Anzahl von landgestützten Interkontinentalraketen (ICBM) oder von SLBM-Startschächten auf älteren U-Booten beschafft werden.

1979

SALT (Strategic Arms Limitation Talks Agreement) II Treaty

Der zweite, 1979 unterzeichnete, jedoch nie ratifizierte Vertrag über die Begrenzung der strategischen Nuklearwaffen von 1979 zwischen den USA und der UdSSR limitierte die Zahl der strategischen Nuklearwaffen auf allen Trägersystem auf jeweils 2.250 Stück und die von Mehrfach-Sprengkopf (MIR-V)-Trägerraketen auf jeweils 1.350 Exemplare. Die USA durften ihre neuen Trident-SLBM im Austausch gegen ältere Systeme jedoch noch einführen, die UdSSR durfte ihre 308 ICBM des Typs SS18 Satan behalten.

US-Präsident Jimmy Carter und der KPdSU-Generalsekretär Leonid Breschnew unterzeichnen 1979 in Wien den SALT II-Vertrag. (Foto: Wikimedia Commons/Bill Fitz-Patrick)

1991

START (Strategic Arms Reduction Talks) I Treaty

Der erste Vertrag über die Reduzierung der strategischen Nuklearwaffen von 1991 zwischen den USA und der Sowjetunion sah eine Verminderung auf 1.600 Trägersysteme mit maximal 6.000 anrechenbaren nuklearen Gefechtsköpfen vor, vorgeschrieben war zudem die Halbierung des Bestands an schweren sowjetischen Interkontinentalraketen (ICBM) des Typs SS-18 Satan und eine Obergrenze von 4.900 Atomsprengköpfen auf ICBM und SLBM für beide Seiten.

US-Präsident George H. W. Bush und der Generalsekretär der KPdSU, Michail Gorbatschow, unterzeichnen 1991 in Moskau den START I-Vertrag. (Foto: Wikimedia Commons/ Susan Biddle)

5.4 Unfälle von U.S. Atom-U-Booten

Zwei Atom-U-Boote der US Navy wurden jeweils mit ihrer gesamten Besatzung Totalverluste. Im Nordatlantik sank im April 1963 die USS Thresher. Wahrscheinlichste Ursache hierfür war der Bruch einer gelöteten Druckwasserleitung, der zu einer Notabschaltung des Reaktors führte. Möglicherweise waren unerkannt gebliebene Beschädigungen nach vorherigen Wasserbombenresistenztests ursächlich für den fatalen Rohrbruch. Das Anblasen in einer Tiefe von rund 400 Metern misslang, das Boot sank unter die maximale Tauchtiefe und implodierte schließlich in einer Tiefe von über 600 Metern in Folge

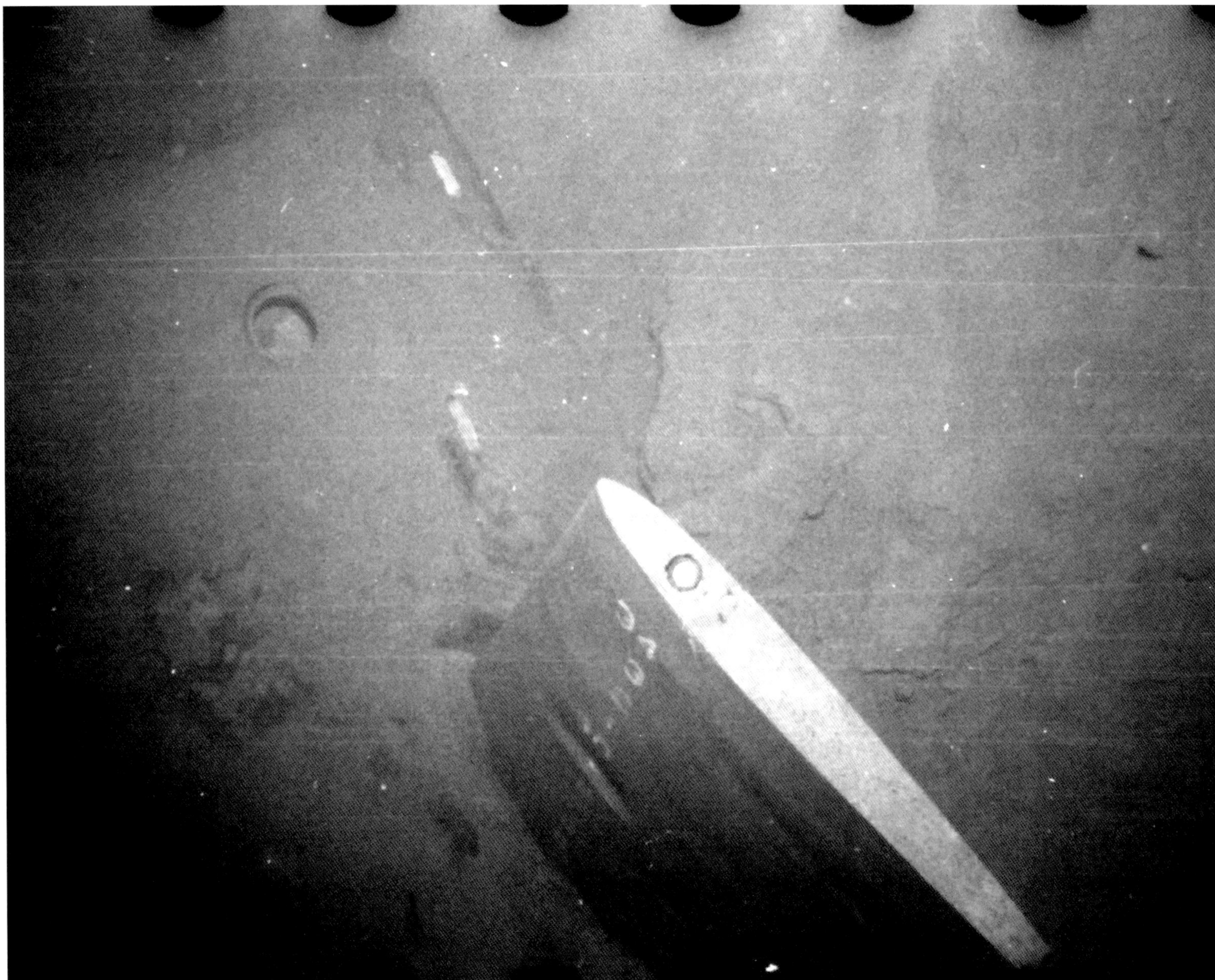

Blick von oben auf das obere Seitenruder der gesunkenen USS Thresher, *SSN-593, aufgenommen im Oktober 1964 von einem Unterwasser-Kamera-Magnetometer von* USS Mizar, *AGOR-11.*

Unterwasser-Kamera-Magnetometer, das von USS Mizar, *AGOR-11, zur Suche nach* USS Thresher, *SSN-593, herabgelassen wird.*

des Wasserdrucks. Alle 129 Mann der Besatzung versanken mit dem Boot auf 2560 Meter Tiefe.
Das Boot war erst kurz vor dem Unglück zu einer ersten Testfahrt nach einer Werft-Grundüberholung aus Kittery, Maine ausgelaufen und führte am 9. April 1963 in der Nähe des U-Boot-Rettungsschiffs USS Skylark, ASR-20, 350 Kilometer östlich von Cape Cod Tauchübungen durch. Am darauffolgenden Tag näherte sich das Boot erstmals nach der Werftzeit wieder seiner Konstruktions-Tauchtiefe von 400 Metern, als die Besatzung des U-Boots der USS Skylark über Unterwassertelefonie von »kleineren« Problemen berichtete und ein Anblasen zum Auftauchen ankündigte. Nach einem weiteren codierten Notruf riss der Kontakt endgültig ab. Nachdem das Wrack mittels Sonarsuche mehrerer Schiffe, unter anderem der USS Seawolf, SSN-757, lokalisiert wurde, konnten Wrackteile durch das ozeanischen Forschungsschiff USS James M. Gilliss, AGOR-4, detektiert werden. Weitere Untersuchungen folgten mit dem Tiefseetauchboot (Bathyscaph) Trieste I von Juni bis September des Jahres. 1964 wurden erneute Untersuchungen mit der zu diesem Zweck umgebauten und umklassifizierten USS Mizar, AGOR-11, und dem Tiefseetauchboot Trieste II, DSV-1, durchgeführt. Der Rumpf der Thresher war in fünf Teile zerbrochen und die Trümmer, darunter der Turm und die Torpedosektion, über eine Fläche von 134.000 Quadratmetern verteilt. Die Implosion war in einer Wassertiefe zwischen 400 und 730 Metern erfolgt. 1986 wurde das Wrack erneut vom Tiefseetauchboot USS Alvin, DSV-2, aufgesucht.

Im Mai 1968 ging die USS Scorpion ebenfalls im Nordatlantik verloren. Vermutlich implodierte auch dieses Boot bedingt durch das Überschreiten der maximalen Tauchtiefe. Als wahrscheinlichste Ursache wird mittlerweile ein technischer De-

Das ozeanische Forschungsschiff USS Mizar, *AGOR-11, Mitte der 1960er-Jahre nach Umbau vom Polarversorger mit großem Hangar mittschiffs für Tauchboote wegen der Erfordernisse der weiteren Erkundung des Wracks der* USS Thresher, *SSN-593.*

Zum 50. Jahrestages des Untergangs der USS Thresher, *SSN-593, auf See ausgebrachter Gedenk-Kranz.*

fekt einer der Torpedobatterien vermutet. Demnach habe sich beim Auftauchen auf Periskoptiefe in der Batterie eines der Mark-37-Torpedos des Bootes Wasserstoff gebildet und anschließend entzündet, dies wiederum habe zur Explosion eines Torpedo-Sprengkopfes geführt. Aber auch eine versehentliche Aktivierung eines Torpedos, ein sogenannter »hot run«, wird nach wie vor als mögliche Ursache angesehen. Torpedos des Typ Mark 37 waren für Fehlstarts berüchtigt, sodass sich die Waffen mitunter in den Torpedorohren selbst aktivierten. Um den Torpedo wieder zu deaktivieren, muss das U-Boot eine 180-Grad-Drehung vollführen, wonach der Torpedo sich automatisch deaktiviert, um zu vermeiden, dass er sein eigenes Schiff angreift. Möglicherweise ließ auch der Kommandant der USS Scorpion vor dem Untergang ein solches Manöver durchführen. Eine weitere Möglichkeit war, dass die Besatzung den Torpedo in Folge eines solchen »hot runs« ausgestoßen hatte und der Mark 37 anschließend durch eine Fehlfunktion das eigene Schiff angriff.

Alle 99 Mann der Besatzung versanken mit dem Boot und zwei Torpedo-Nukleargefechtsköpfen auf über 3.000 Meter Tiefe. Das Boot, das in Rota, Spanien ausgelaufen war, sollte am 27. März 1968 in seinem Heimathafen Norfolk, Virginia einlaufen, blieb jedoch vermisst. Da es in seiner letzten Funkmeldungen vom 20. Mai gemeldet hatte, dass man auch ein sowjetisches SSGN der Echo II-Klasse beschattet habe, wurde auch über einen sowjetischen Torpedoangriff spekuliert, für den sich aber hydrografisch kein Hinweis fand. Das Wrack wurde nach einer

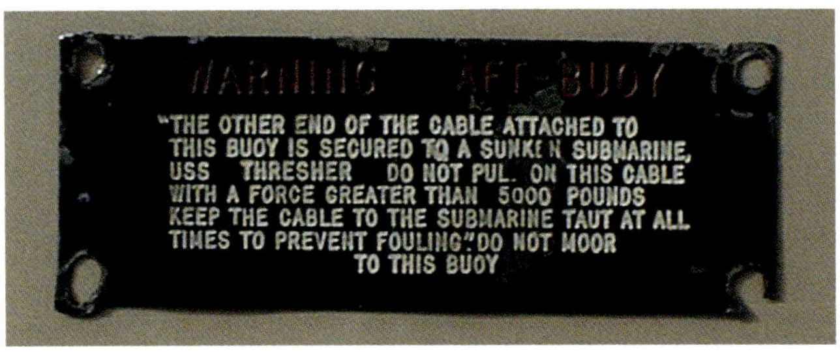

An einer am Wrack der USS Thresher, *SSN-593, mittels eines Ankertaus verbundenen Boje befestigtes Warnschild.*

USS Scorpion, *SSN-589, vor dem Auslaufen aus dem Mittelmeer Anfang April 1968 an der Seite des Flugzeug-Versorgers* USS Tallahatchie County, *AVB-2.*

Das Tiefseetauchboot USS Trieste II, *DSV-1, die nach dem* Thresher-*Unglück in Dienst gestellt wurde, die alte* USS Trieste I *ablöste und die Wracks von* USS Thresher *1964 und von* USS Scorpion, *SSN-589, 1968 untersuchte.*

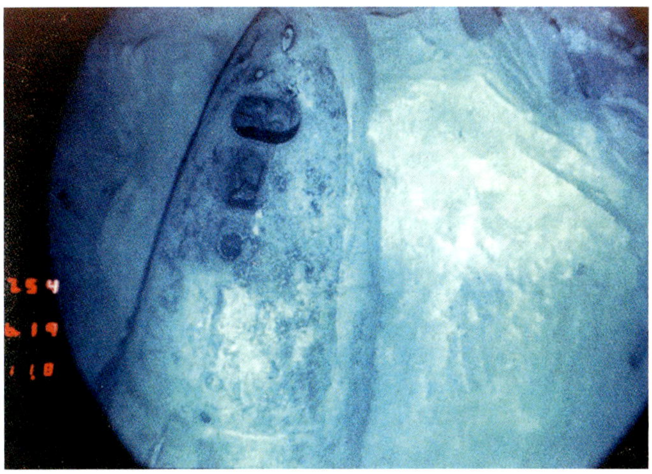

Bugsektion des Wracks von USS Scorpion, *SSN-589, 1986 vom Tiefseetauchboot* USS Alvin, *DSV-2, aufgenommen.*

langwierigen Suchaktion im Oktober 1968 rund 740 Kilometer südwestlich der Azoren durch das ozeanischen Forschungsschiff USS Mizar, AGOR-11, entdeckt. Bald darauf wurde das Wrack durch das Tiefseetauchboot USS Trieste II, DSV-1, untersucht und fotografiert. Die Bugsektion mit dem Torpedoraum war weitgehend intakt, der Turm disloziert, die Operationszentrale vollkommen zerstört und der Rumpf in zwei Teile zerbrochen. Die Implosion war in etwa 470 Meter Wassertiefe erfolgt. 1986 wurde das Wrack erneut durch das Tiefseetauchboot USS Alvin, DSV-2, aufgesucht. Die Tauchfahrten und Untersuchungen mit diesem Boot zur USS Thresher und USS

Das Tiefseetauchboot USS Alvin, *DSV-2, wurde 1986 zur Erkundung der Wracks der* USS Thresher, *SSN-593, der* USS Scorpion, *SSN-589, und der* RMS Titanic *eingesetzt.*

USS Sargo, *SSN-583, sinkt 1960 nach Feuer und Explosion am Kai über Heck. Luft entweicht und Wasser dringt durch die offene Heck-Torpedoklappe in das Boot.*

Scorpion wurden zusammen mit dem zivilen Experten Robert D. Ballard durchgeführt, der das Tauchboot danach im Gegenzug für seine Tauchfahrten zur RMS Titanic nutzen durfte. Außerdem war USS Sargo, SSN-583, bereits im Juni 1960 im Hafen von Pearl Harbour, Hawaii nach einer Explosion im Torpedoraum gesunken. Ursächlich für diese Explosion war der Brand einer lecken Sauerstoffleitung, die zur Befüllung der Sauerstofftanks des Bootes durch das offene Heck-Torpedorohr geführt worden war. Dabei kam ein Besatzungsmitglied ums Leben. Das Boot sank, weil Wasser durch das offene Torpedorohr eindrang, wodurch aber auch das Feuer erlosch. Das Boot wurde rasch gehoben und binnen drei Monaten repariert.

Im Mai 1969 sank das noch nicht in Dienst gestellte Boot USS Guitarro, SSN-665, am Ausrüstungspier der Bauwerft in Mare Island, Kalifornien, weil zwei Arbeitergruppen ohne ihr Wissen unabhängig voneinander zeitgleich zu Trimmzwecken die Ballasttanks geflutet hatten. Dadurch konnten Wasserwellen in ein offenes Mannloch im Sonardom eindringen, sodass der Rumpf des Bootes bis zum Turm im Hafenbecken auf Grund ging. Drei Tage später konnte das Boot bereits wieder gehoben werden. Es wurde aber erst 1972 mit 32 Monaten Verspätung in Dienst gestellt.

Daneben wurden gab wiederholt Kollisionen und Havarien, in die US-Atom-U-Boote involviert waren und die gelegentlich auch zu Austritten von Radioaktivität in die Umwelt führten.

Die noch in der Ausrüstung in der Werft befindliche USS Guitarro, *SSN-665, ist 1969 durch menschliches Versagen am Kai auf den Grund gesunken. Zwei Hafenschlepper der US Navy leisten Assistenz, das Schiff wurde mit einiger Verzögerung in Dienst gestellt.*

5.5 Bewaffnung der U.S. Atom-U-Boote

Mark 14-Torpedo, Kaliber 53 cm. Er war der Standard-U-Boot-Torpedo der US Navy während des Zeiten Weltkriegs und in den ersten Nachkriegsjahren. (Foto: Wikimedia commons/Michael Barera, CC BY-SA 4.0, https://commons.wikimedia.org/w/index.php?curid=42627091)

Mark 27-U-Boot-Torpedo zur U-Jagd, Kaliber 48 cm. (Foto: Wikidata/Cliff - originally posted to Flickr as Mark 27 Mod 4 Acoustic Torpedo, CC BY 2.0, https://commons.wikimedia.org/w/index.php?curid=8259645)

Torpedobewaffnung:
Die 53,3 cm-Torpedorohre der US-Atom-U-Boote wurden unter anderen mit verschiedenen Generationen von Torpedos, vor allem zur U-Boot-Jagd oder zur Verteidigung gegen feindliche U-Boote, geladen.
Der Mark 14 Torpedo von 1931 war dagegen noch zum Einsatz gegen Überwasserziele von U-Booten aus entwickelt worden. Zur Zeit seiner Entwicklung fuhren allerdings auch gegnerische U-Boote die meiste Zeit aufgetaucht. Er war der Standard-U-Boot-Torpedo während des Zweiten Weltkrieges. Es handelte sich um eine Dampfturbinen/Pressluft-angetriebene Waffe mit einem Gewicht von bis zu 1.390 Kilogramm. Die 6,25 Meter langen Torpedos hatten einen Durchmesser von 53 Zentimetern und waren mit einem Aufschlag- oder Magnetzünder und einem bis zu 292 Kilogramm wiegenden Sprengkopf versehen. Dieser hatte eine Reichweite von 4.100 bis 8.200 Metern bei einer Geschwindigkeit von 46 bzw. 31 Knoten. Bis in die 1980er-Jahre fand dieser in rund 13.000 Exemplaren produzierte Torpedo bei der US Navy Verwendung. Aus Basis dieses Modells wurden beispielsweise die Modelle Mark 16 und Mark 28 entwickelt.

Der Mark 16 Torpedo von 1943 war ein Turbinen/Wasserstoff-Peroxid-angetriebener, 1.770 Kilogramm schwerer Torpedo. Er maß ebenfalls 6,25 Meter in der Länge und 53 Zentimeter im Durchmesser, verfügte über einen Aufschlagzünder und einen bis zu 570 Kilogramm wiegenden Sprengkopf. Er hatte eine Reichweite von 6.400 bis 11.430 Metern bei einer Geschwindigkeit von bis zu 46,2 Knoten. Bis 1975 fand diese in mehr als 1.700 Exemplaren produzierte Waffe bei der US Navy Verwendung. Er wurde bis 1975 eingesetzt, es handelte sich zunächst um den Standard-U-Boot-Torpedo der Navy nach dem Zweiten Weltkrieg.
Der Mark 28 Torpedo von 1944 verfügte über einen elektrischen Antrieb und ein Gewicht von 1.270 Kilogramm. Die Abmessungen blieben mit 6,25 Meter Länge und 53 Zentimeter Durchmesser identisch. Ausgestattet war der Mark 28 mit einer passiven akustischen Zielsuchung, einem Aufschlagzünder und einem 265 Kilogramm Sprengkopf. Der Torpedo hatte eine Reichweite von rund 3.600 Metern bei einer Geschwindigkeit von 19,6 Knoten. Bis 1960 fand der in 1.750 Exemplaren produzierte, sowohl gegen Überwasser- als auch Unterwasserziele von U-Booten aus einsetzbare Mark 28 bei der US Navy Verwendung.

Der Mark 27 Torpedo von 1943/46 unterschied sich grundlegend von den vorgenannten Typen. Er wurde aus der luftgestützten zielsuchenden Anti-U-Boot-Mine des Typs Mark 24 heraus entwickelt, wog nur rund 330 Kilogramm und maß 2,30 Meter in der Länge bei einem Durchmesser von 48 Zentimetern. Der Mark 27 konnte sowohl durch einen Schienenmechanismus auch aus den 53-cm-Rohren der U-Boote heraus abgeschossen werden. Dieser ebenfalls mit passiver akustischer Zielsuchung und Aufschlagzünder sowie einem 43 Kilogramm Sprengkopf ausgestattete, elektrisch angetriebene Torpedo hatte eine Reichweite von etwa 4.600 Metern bei einer relativ niedrigen Geschwindigkeit von 12 Knoten. Er konnte mittels eines Daten-Kabels mit dem Feuer-Kontroll-System des Bootes verbunden werden – ein Novum in der damaligen Zeit. Bis 1960 fand der in 1.050 Exemplaren produzierte, sowohl gegen Überwasser- als auch Unterwasserziele von U-Booten aus einsetzbare Mark 27 bei der US Navy Verwendung.

Alle diese vorgenannten Torpedo-Modelle wurden ab 1956 sukzessive durch den neuen Standard-U-Boot-Torpedo der US Navy des Typs Mark 37 ersetzt, der aus dem Mark 27 entwickelt wurde. Der Mark 37 wurde speziell für die U-Boot-Jagd und -Abwehr entwickelt. Er verfügte über einen elektrischen Antrieb, wog 650 Kilogramm, war 3,4 Meter lang und hatte einen Durchmesser von 38 Zentimetern. Er war nun auch mit einer aktiven akustischen Zielsuchung, einem Aufschlagzünder und einem 150 bis 265 Kilogramm schweren Sprengkopf ausgestattet. Die ersten Serien hatten auch eine Drahtlenkung. Die Reichweite eines Mark 37-Torpedos lag zwischen 7.300 und 21.000 Metern bei einer Geschwindigkeit von 17 bis 24

Mark 37-U-Boot-Torpedo zur U-Jagd, Kaliber 48 cm. Dieser Typ war die Standardwaffe der US-Atom-U-Boote ab 1956. Eine Fehlfunktion eines solchen Torpedos wird auch für den Verlust von USS Scorpion, SSN-589, verantwortlich gemacht. Rechts im Hintergrund ein früher Marschflugkörper vom Typ Regulus I. (Foto: Wikimedia commons/Cliff - originally posted to Flickr as Mark 37 Electric Torpedo, CC BY 2.0, https://commons.wikimedia.org/w/index.php?curid=8193894)

Mark 48-U-Boot-Torpedo zur U-Jagd, Kaliber 53 cm. Dieser Torpedo wurde zur Standardwaffe der US-Atom-U-Boote gegen Unter- und Überwasserziele ab 1972.

Nuklearer U-Boot-Torpedo des Typs Mark 45 ASTOR, Kaliber 48 cm. Von 1959 bis 1976 war diese Waffe im Einsatz zur Abwehr feindlicher Atom-U-Boote und Flottenverbände. (Foto: Wikimedia commons/Cliff https://creativecommons.org/licenses/by/2.0/deed.en)

Ein Feuerleittechniker überwacht die Ortungsschirme der USS Virginia, SSN 774, während eines Überwassertransits vor der Küste von Virginia. (US Navy)

Ein Blick auf die Torpedo-Steuerungskonsolen an Bord der USS Virginia, *SSN 774. (US Navy)*

Knoten. Anders als ältere Typen wurde der Mark 37 nicht mehr mittels Pressluft aus seinem Rohr ausgestoßen. Bis 1972 fand dieser in über 3.300 Exemplaren produzierte Torpedo Verwendung bei der US Navy. Die Torpedos waren wegen sogenannter »hot runs«, also einer unbeabsichtigten Aktivierung des Torpedoantriebs im Torpedorohr bekannt, bei bestimmten Chargen traten auch Probleme mit den Batterien auf. Der Verlust der USS Scorpion, SSN-589, wird in einigen Theorien auch auf einen möglichen Defekt eines Mark 37-Torpedos zurückgeführt.

Der Mark 45 Torpedo (ASTOR – Anti-Submarine TORpedo) von 1959 war erstmals mit einem nuklearen Sprengkopf des Typs W34 ausgestattet. Er sollte gegen schnelle und tieftauchende feindliche U-Boote eingesetzt werden. Der Mark 45 verfügte über einen elektrischen Antrieb, wog 1.100 Kilogramm und maß 5,10 Meter in der Länge bei einem Durchmesser von 48 Zentimetern. Der ausschließlich drahtgesteuerte Torpedo erreichte eine Höchstgeschwindigkeit von 40 Knoten bei einer Reichweite von 8.000 bis 13.000 Metern. Sein Sprengkopf konnte die Wirkung von 11 Kilotonnen TNT entfalten. Bis 1976 fand dieser in etwa 600 Exemplaren produzierte Torpedo Verwendung bei der US Navy, bevor er, konventionell modifiziert, an befreundete Marinen abgegeben wurde.

Der Mark 48-Torpedo löste ab 1972 die noch vorhandenen Torpedos der Typen Mark 14 und 16 sowie die Mark 37-Torpedos als Standardtorpedo für U-Boote der US Navy ab. Daneben ersetzte er auch den nuklear bestückten Mark 45-Torpedo. Der Mark 48 wurde zur Bekämpfung von gegnerischen schnellen Atom-U-Booten und Überwasserzielen entwickelt. Der von einem Kolbenmotor mittels Pumpjet angetriebene Torpedo wiegt in seiner 1988 speziell für den Einsatz auf den modernsten SSN und SSBN Atom-U-Booten entwickelten aktuellen ADCAP-Version (ADvanced CAPacity) 1,676 Kilogramm. Er ist 5,8 Meter lang und hat einen Durchmesser von 53 Zentimetern. Drahtgelenkt oder mit gesteuert durch einen aktiven und passiven akustischen Suchkopf (2D phased array sonar) mit Annäherungszünder hat er eine Reichweite von 38.000 bis 50.000 Metern bei einer berichteten Geschwindigkeit zwischen 40 und 55 Knoten. Die Tauchtiefe soll bei bis zu 1.000 Metern liegen. Das Gewicht des konventionellen Sprengkopfs wird auf 293 Kilogramm geschätzt. Das Arsenal der US Navy umfasste 2001 1.046 Stück, jährlich laufen etwa 50 weitere Exemplare ständig verbesserter Versionen zu.

Flugkörper, Lenkwaffen, Seeziel- und Marschflugkörper:
Aus den 53-cm-Torpedorohren der US Atom-U-Boote können aber auch Flugkörper unter Wasser ausgestoßen und gestartet werden.
Ab 1964 wurde die containerisierte U-Boot-Abwehrrakete UUM-44A SUBROC (SUBmarine ROCket) auf den Atom-U-Booten der US Navy eingeführt. Die mittels Trägheitsnavigationssystem gelenkte Rakete mit Feststoff-Antrieb transportierte auf einer ballistischen Flugbahn eine mit einem nuklearen W55-Sprengkopf mit einer Sprengkraft von 250 Kilotonnen TNT bestückte Wasserbombe in Richtung des georteten Ziels in bis zu 42,7 Kilometer Entfernung. Kurz vor dem Ziel trennte sich die Wasserbombe von der Rakete, fiel ins Wasser und zündete erst bei Erreichen der eingestellten Tauchtiefe. Die Länge der gesamten Rakete betrug 6,40 Meter, sie wog 1.814 Kilogramm. Die Geschwindigkeit lag wohl im Bereich der einfachen Schallgeschwindigkeit. Die Waffe war als Sofortreaktions-Abwehrwaffe größerer Reichweite vor allem gegen drohende strategische nukleare Angriffe feindlicher SSBN konzipiert. Sie konnte theoretisch auch gegen gegnerische Überwasser-Flottenverbände mit einem Wirkungskreis von 9 Kilometern eingesetzt werden. Die USA produzierten etwa 400 dieser Raketen, deren nukleare Nutzlast wurde 1989/90 außer Dienst gestellt.

UUM-44A SUBROC Anti-U-Boot Rakete nach dem Unterwasserstart. Sie trug eine nukleare Wasserbombe (roter Sprengkopf) ins Zielgebiet. Ausgemustert 1989/90.

Der seit 1977 auf US Atom-U-Booten eingesetzte containerisierte UGM-84 Harpoon-Seezielflugkörper kann Überwasser- und Landziele angreifen. Er verfügt über einen Feststoff-Booster-Antrieb zum Unterwasserstart und fliegt als Turbojet-angetriebener Sea-Skimmer knapp oberhalb der

UGM-84-Harpoon-Seaskimmer-Marschflugkörper gegen Überwasser- und Landziele. (Foto: Wikimedia commons/Avriette, https://creativecommons.org/licenses/by-sa/3.0/deed.en)

Oberfläche zum Ziel. Spätere Versionen steigen kurz vor dem Ziel auf 1.800 Meter auf und treffen dieses dann im Sturzflug. Die Länge der Rakete beträgt 4,63 Meter. Bei einem Durchmesser von 34 Zentimetern und einer Flügelspannweite von 91 Zentimetern beträgt das Gewicht des UGM-84 rund 691 Kilogramm. Der Flugkörper erreicht eine Geschwindigkeit zwischen Mach 0,71 und 0,85. Die Steuerung erfolgt mittels Höhen-Radar und Zielsuch-Radar beziehungsweise GPS. Die Reichweite beträgt zwischen 124 und 139 Kilometern. Der konventionelle Sprengkopf wiegt 221 Kilogramm. Er zündet etwas zeitverzögert nach dem Einschlag im Ziel. Der Flugkörper kann aus neueren SSN und aus SSGN auch getaucht durch vertikale Startschächte abgefeuert werden.

Der seit 1976 auf US Atom-U-Booten eingesetzte containerisierte UGM-109 Tomahawk Marschflugkörper wird heute dagegen vor allem gegen Landziele eingesetzt. Ursprünglich gab

Seeleute der USS Asheville, SSN 758, der Los Angeles-Klasse laden während einer Zertifizierungsschulung eine Harpoon in das Boot. Die Zertifizierung ist nötig, damit das U-Boot und die Besatzung Harpoon-Flugkörper tragen und einsetzen kann. (Foto der U.S. Navy von Kelsey J. Hockenberger, Spezialist für Massenkommunikation 2. Klasse)

es auch bis 2013 eine nuklear bestückte Version und bis 1994 eine gegen Seeziele gerichtete konventionell bestückte Version. Der Tomahawk verfügt über einen Feststoff-Booster-Antrieb zum Unterwasserstart und fliegt von einem Turbofan angetrieben in 30 bis 200 Meter Höhe zum Ziel. Diese 6,25 Meter langen Raketen messen 52 Zentimeter im Querschnitt, ihre Flügelspannweite beträgt 2,7 Meter. Die rund 1.425 Kilogramm schweren Waffen erreichen eine Geschwindigkeit von Mach 0,74. Die Steuerung erfolgt mittels optischer Geländepunktorientierung und Trägheitsnavigationssystem, durch Radar oder GPS. Die Reichweite beträgt 460 bis 1.600 Kilometer. Der konventionelle Sprengkopf wiegt zwischen 120 und 454 Kilogramm. Der ausgemusterte nukleare W80-Sprengkopf konnte variabel mit bis 150 Kilotonnen TNT eingestellt werden. Der Flugkörper kann aus neueren SSN und aus SSGN auch getaucht durch vertikale Startschächte abgefeuert werden.

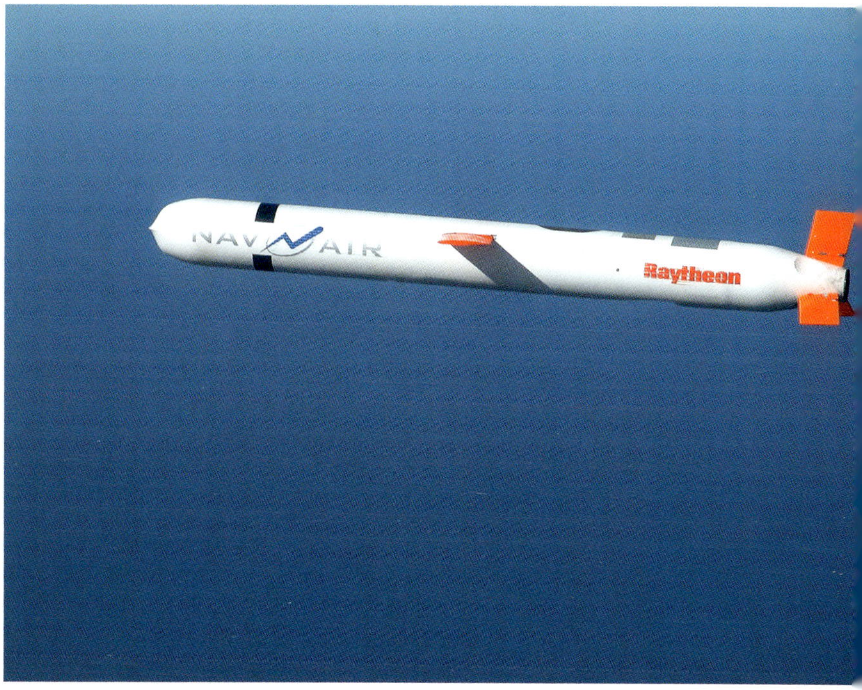

UGM-109 Tomahawk Marschflugkörper gegen Landziele. Früher gab es auch eine nukleare und eine Seezielversion.

Nicht aus Torpedorohren oder vertikalen Startschächten (VLS – Vertical Launch System) abgefeuert werden konnten dagegen die frühen nuklearfähigen Marschflugkörper des Typs SSM-N-8 Regulus I von 1955. Diese Systeme kamen nur kurze Zeit zwischen 1960 bis 1964 auf dem US Atom-U-Boot USS Halibut, SSGN-587, zum Einsatz. Die Rakete war in einem Doppel-Hangar auf dem Oberdeck untergebracht und wurde vom aufgetauchten U-Boot aus von einer schrägen 45-Grad-Startrampe gestartet. Der fernlenkbare Flugkörper war 5.550 Kilogramm schwer, 10,20 Meter lang, hatte einen Durchmesser von 1,43 Metern und eine Spannweite von 6,40 Metern. Bei einer Geschwindigkeit von rund Mach 0,78 lag seine Reichweite bei 925 Kilometern. Der Antrieb bestand aus einem Strahltriebwerk und zwei Feststoff-Booster-Raketen. Es konnten Sprengköpfe des Typs W-5 mit 40 Kilotonnen TNT oder des Typs W-28 mit zwei Megatonnen TNT montiert werden. Der vorgesehene Ersatz durch SSM-N-9 Regulus II mit doppelter Geschwindigkeit und Reichweite kam nicht mehr zustande, da das Programm zugunsten von SLBM eingestellt wurde.

Vermutlich führen die US Atom-U-Boote auch schultergestützte Flugabwehrraketen des Typs FIM-92 Stinger mit, um im aufgetauchten Zustand angreifende Helikopter oder Flugzeuge abwehren zu können. Über eine Einführung von getaucht aus den Torpedorohren auszustoßenden und abzufeuernde Flugabwehrraketen, wie sie die Deutsche Marine für ihre U-Boote der Klassen 212 mit dem IDAS-System (Interactive Detection and Attack System for Submarines) zu beschaffen plant, ist seitens der US Navy noch nichts bekannt. Ein solches Flugabwehrsystem ist allerdings vor allem für den Einsatz in flacheren Gewässern (»Brown water«) mit nur geringer Tauchtiefe der U-Boote von besonderer Relevanz.

SSM-N-8 Regulus I Marschflugkörper mit nuklearem Sprengkopf. Diese waffen wurden bereits 1960 wieder ausgemustert. (Foto: Wikimedia commons/Alan Wilson from Stilton, Peterborough, Cambs, UK, CC BY-SA 2.0 <https://creativecommons.org/licenses/bysa/2.0>

Die USS Florida *(SSBN 728) feuert während der Übung Giant Shadow einen Tomahawk-Marschflugkörper in den Gewässern der Bahamas ab. Die* Florida *ist eines von vier ballistischen U-Booten (SSBN) der* Ohio-*Klasse, die zu Lenkwaffen-U-Booten (SSGN) umgebaut wurden. Giant Shadow war die erste Übung im Rahmen der »Sea Trial«-Initiative der Sea Power 21-Planungen der Chief of Naval Operations und die erste in einer Reihe von Übungen bei der Umstellung und Überholung der vier SSBNs in SSGNs. Die SSGNs sind in der Lage, bis zu 154 Tomahawk-Raketen zu tragen und abzufeuern, was im Vergleich zu anderen Plattformen eine deutliche Kapazitätssteigerung darstellt. (Foto der US-Marine)*

Mark 60 CAPTOR (EnCAPSulated TORpedo) Tiefwasser-U-Boot-Abwehr-Mine, Kaliber 53 cm. Hier in einer von Flugzeugen abzuwerfenden Version. Im Hintergrund einige B-52-Bomber.

Minen:
Aus den 53-cm-Torpedorohren der US-Atom-U-Boote können auch Minen ausgestoßen werden.
Die Mark 60 CAPTOR-Tiefwasser-U-Boot-Abwehr-Mine (EnCAPSulated TORpedo) von 1979 sinkt nach dem Ausstoßen auf den Meeresgrund in bis zu 900 Meter Tiefe. Wenn sich ein feindliches U-Boot nähert, löst sie aufgrund dessen gespeicherter akustischer Signatur einen Mark 46 Leichtgewichts-U-Jagd-Torpedo aus, der mit seinem 43,9 Kilogramm Gefechtskopf in einer Geschwindigkeit von 47 Knoten autonom akustisch-zielsuchend auf das anzugreifend U-Boot zusteuert. Die Reichweite des Systems beträgt bis zu 7.200 Meter. Die Mine wiegt 935 Kilogramm, sie ist 3,35 Meter lang und misst 53 Zentimeter im Querschnitt.

Die Mark 67 SLMM-Mine (Submarine Launched Mobile Mine) bewegt sich nach dem Ausstoßen nach Art eines MK 37-Tor-

Die Nutzlast der CAPTOR Mine: Mark 46-Leichtgewichts-U-Jagd-Torpedo. Hier über Wasser von einer Fregatte abgefeuert.

Mark 67 SLMM Mine im Einsatz: Hier Beladung von USS Montpelier, *SSN-765, mit einer Übungsmine.*

pedos über weitere Strecken von bis zu 21 Kilometern und sinkt am Zielort auf den Meeresgrund bis zu 183 Meter Tiefe. Mittels eines magnetischen oder seismischen Zünders bringt sie dort unter einem darüber laufenden Schiff eine 150 Kilogramm Sprengladung zur Explosion. Die Mine wiegt 754 Kilogramm, sie ist 4,09 Meter lang und hat einen Durchmesser von 48 Zentimetern.

Seegestützte Interkontinental-Raketen (SLBM/ICBM):
Aus vertikalen Startschächten von getauchten SSBN können ballistische, nuklear bestückte strategische Interkontinentalraketen abgefeuert werden.

Die UGM-27A Polaris A1 war die erste einsatzfähige seegestützte Interkontinentalrakete der US Navy. Sie wurde 1960 auf den ersten strategischen Atom-Raketen-U-Booten der George Washington-Klasse eingeführt und getaucht gestartet. Die zweistufige Feststoff-Rakete wog 13.000 Kilogramm, war 8,70 Meter lang und hatte einen Durchmesser von 1,37 Metern. Ihre Reichweite lag bei 1.850 Kilometern, ferner zeichneten sie eine Geschwindigkeit von bis zu Mach 10,5 und ein W-47-Y1 Sprengkopf mit einer Sprengkraft von 600 Kilotonnen TNT aus. Bereits etwa 18 Monate später wurde die erste UGM-27B Polaris A2 von der USS Ethan Allen, SSBN-608, dem Typschiff der zweiten Klasse von strategischen Atom-Raketen-U-Booten der US Navy, gestartet. Diese verbesserte Version der zweistufige Feststoff-Rakete wog 14.750 Kilogramm, war 9,45 Meter lang und behielt den Durchmesser der Vorgängerbauart. Sie hatte eine Reichweite von 2.775 Kilometern, erreichte eine Geschwindigkeit von bis zu Mach 10,5 und trug einen W-47-Y2 Sprengkopf mit einer Sprengkraft von 1,2 Megatonnen TNT.

Strategische Nuklearrakete UGM-27A Polaris A1 mit einem Atomsprengkopf hier bei Tests in Cape Canaveral auf einer Rampe mit Startgestell.

Erprobungsanlage für 1,5 Kilohertz Aktiv/Passiv-Sonar am Bug auf USS Baya, *AGSS-318, ca. 1963.*

An der Seite des Rumpfes von USS San Juan, *SSN-751, sieht man gut die lang gestreckte Verkleidung des dickeren Schleppsonar-Kabels von TB-16 und an der Vorderseite des Turmes die Verkleidung des MIDAS Minen- und Eis-Warnsonars.*

sches, im Bug montiertes niederfrequenz- bzw. mittelfrequentes Sonarsystem für aktive und passive Ortung. Es wurde bzw. wird kombiniert mit einem Schleppsonar der Typen TB-16, TB-23 oder seit 1998 auch mit dem Typ TB-29. TB-16 hatte noch ein dickes Kabel, das außen am Rumpf entlang zum Heck geführt wurde. Im BSY-1 Feuerleitsystem von 1987 werden deren Daten integriert und ausgewertet. Die Los Angeles-Klasse wurde hiermit ausgestattet, einige ältere Boote etwa der Sturgeon-Klasse wurden noch entsprechend nachgerüstet. Auf den neueren Booten der Virginia-Klasse wird das neuere BQQ-10, ein sphärisches, im Bug montiertes niederfrequenz- bzw. mittelfrequentes Sonarsystem für aktive und passive Ortung verbaut.

Das ebenfalls aus BQQ-5 entwickelte rein passive BQQ-6 von 1981 mit 944 rumpfmontierten Hydrophonen wurde ebenso wie das BQR-15 Schleppsonar mit 670 Meter Länge und 42 Hydrophonen für passive Ortung auf den besonders geräuscharmen SSBN der Ohio-Klasse eingesetzt. Letzteres wurde mittlerweile durch BQR-23 ersetzt.

Das MIDAS (Mine and Ice Detection Sonar) am Turm und das BQS-15 System unter dem Bug dient der Minen- und Eiswarnung.

1966 Montage der Bug-Sonar-Sektion von USS Gurnard, *SSN-662.*

5.6 U.S. Atom-U-Boote in Museen

*Ex-*USS Nautilus, *SSN-571, 2015 als Museumsschiff in New London. (Foto: Wikimedia Commons /Toni Leland - https://en.wikipedia.org/wiki/File:USS_Nautilus_SSN571.JPG)*

Nur das erste US- Atom-U-Boot, die USS Nautilus, SSN-571, ist – allerdings ohne seinen Reaktor – in Gänze als Museumsschiff erhalten geblieben. Es liegt auf dem Gelände von Bibliothek und Museum der US-U-Boot-Waffe in New London, Connecticut. Dort ist auch der Turm des ersten atomar betriebenen strategischen Raketen-U-Bootes, der USS George Washington, SSBN-598, aufgestellt. An verschiedenen musealen Standorten in den USA sind einige weitere Türme von außer Dienst gestellten und abgebrochenen US-Atom-U-Booten, meist als Teil von Erinnerungsorten auf Stützpunkten ausgestellt: Dazu zählen USS Sturgeon, SSN-637, USS Parche, SSN-683, USS Triton, SSNRN/SSN-586, USS Woodrow Wilson, SSBN-624, USS Mariano G. Vallejo, SSBN-658, USS Tautog, SSN-639, USS Boston, SSN-703, USS Lewis and Clark, SSBN-644, USS Omaha, SSN 692, USS Grayling, SSN-646, USS Nathaneal Greene, SSBN-636, USS George Bancroft, SSBN-643, USS James K. Polk, SSBN/SSN-645, USS Hawkbill, SSN-666, und USS Indianapolis, SSN-697. Zum Teil sind diese Relikte auf aus Beton nachgebildeten Rumpfoberteilen aufgestellt, die an die Originalschiffe erinnern sollen.

*Ex-*USS Nautilus, *SSN-571 wurde 1985 zu seinem Liegeplatz als Museumsschiff in New London verholt. Im Hintergrund läuft* USS Hawaii, *SSN-776, von einem Schlepper begleitet, aus. Aufnahme aus dem Jahr 2009.*

Der Turm von USS George Washington, *SSBN-598, 2010 vor dem Museumsgelände in Groton/New London, Connecticut. (Navscource/Bull Nav @ Military.Com via Bill Gonyo)*

Vor dem Turm von USS Woodrow Wilson, *SSBN-642, findet 2001 in Bangor/Washington eine militärische Zeremonie der US Navy statt.*

Der Turm von USS George Bancroft, *SSBN-643, auf einer Rumpfnachbildung aus Beton im Jahr 2002 in Kings Bay, Georgia.*

Anhang

Abkürzungen

AA	Flugabwehrkanone/Anti-Aircraft Gun
ACM	Auxiliary Ship/Criuser Minelayer/Hilfs-Minenleger
AG	Auxiliary Ship/General/Hilfsschiff genereller Art
AGEH	Auxiliary General Experimantal, Hydrofoil/Versuchs-U-Boot-Jäger vom Tragflügel-Typ
AGS	Auxiliary Ship/General/Survey/Vermessungsschiff (Forschungsschiff)
AGSS	Auxiliary Submarine/Hilfsschiff-U-Boot
AK	Auxiliary Ship/Cargo/Transportschiff
AKN	Auxiliary Ship/Net Cargo/Netz-Transportschiff
AM	Auxiliary Ship/Mine Sweeper/Minensucher
AMc	Auxiliary Ship/Mine Sweeper/Coast/Küsten-Minensucher
AMS	Auxiliary Motor Minesweeper/Motor-Minensucher
AN	Auxilklary Ship/Net Laying Ship/Netzleger
ANL	Auxiliary Ship/Net Laying Ship/Netzleger
AO	Auxiliary Ship/Oiler/Flottentanker
AP	Auxiliary Ship/Transport
ARS	Auxiliary Ship/Rescue and Salvage/Rettungs- und Bergungsschiff
ASDS	Advanced SAEL Delivery System/Verbessertes SAEL Dislozierungs-System
ASPB	River Assault Support Patrol Boat/Fluss-Angriffsunterstützungs-Patrouillenboot
ASR	Auxiliary Ship/Submarine/Rescue and Salvage/U-Boot-Bergungsschiff
ASW	Anti-Submarine Warfare/U-Abwehr
AT	Auxiliary Ship, Tug/Schlepper
ATA	Auxiliary Ship, auxiliary Tug/Hilfs-Schlepper
AOSS	Submarine, Oiler/U-Boot-Tanker
APS	Submarine Transport/Transport-U-Boot
APSS	Submarine Transport/Transport-U-Boot
ASSP	Transport Submarine/Transport-U-Boot
BB	Battleship/Schlachtschiff
BB	Boat Building/Bootswerft
BPT	British Motor Torpedo Boat/Torpedoschnellboot, gebaut für GB
CA	Cruiser Armoured/Schwerer Kreuzer
CB	Cruiser Big/Großer Kreuzer (Schlachtkreuzer)
CC(P)B	Coastal Command (Patrol) Boat/Küsten-Kommando (Patrouillen)-Boot
CCB	Command and Control Boat/Kommando- und Kontrollboot
CG	Coast Guard/Küstenwache
CG	Coast Guard Cutter/Küstenwacht-Kutter
CGC	Coast Guard Cutter, Patrol Boat/Küstenwacht-Kutter, Patrouillenboot
CGE	Coast Guard Cutter, Eagle-Class Patrol Vessel/Küstenwacht-Kutter, Eagle-Klasse
CG(DD)	Coast Guard Cutter, Destroyer/Küstenwacht-Kutter, Zerstörer
CM	Mine Laying Cruiser/Minenkreuzer, Minenleger
CMc	Mine Layer, coastal/Küsten Minenleger
CNO	Chief of Naval Operations
COMLANTFLT	Commander, Atlantic Fleet/Kommandeur Atlantik-Flotte
COMPACFLT	Commander, Pacific Fleet/Kommandeur Pazifik-Flotte
COMSUBFOR	Commander, Submarine Fleet/Kommandeur U-Boot-Flotte
COMSUBLANT	Commander, Submarine Force Atlantic Fleet/Kommandeur U-Boote Atlantik-Flotte
COMSUBPAC	Commander, Submarine Force Pacific Fleet/Kommandeur U-Boote Pazifik-Flotte
COMUSFF	Commander, U.S. Fleet Forces Command/Kommadeur U.S. Flottenstreitkräfte Kommando
CV	Carrier Vessel/ Flugzeugträger (ursprünglich aber abgeleitet von: Cruiser/Aviation)
DANFS	Dictionary of American Naval Fighting Ships
DD	Destroyer/Flottenzerstörer
DDS	Dry Dock Shelter/Trockendock-Behälter
DE	Destroyer Escort/Geleitzerstörer
DEG	Destroyer Escort Guided Missile/Lenkwaffen-Geleitzerstörer
DM	Destroyer, Mine Laying/Minenlegende Zerstörer/Schnelle Minenleger
DDG	Destroyer Guided Missile/Lenkwaffenzerstörer
DSRV	Deep Sea Rescue Vehicle/Tiefsee-Rettungssfahrzeug
FF	Frigate/Fregatte
FFG	Frigate Guided Missile/Lenkwaffen-Fregatte
FRAM	Fleet Rehabilitation and Modernization Program / Flotten-Erhaltungs- und Modernisierungsprogramm
FY	Fiscal Year (als US-Haushaltsjahr; immer 1. Oktober bis 30. September)
GUPPY	Greater Underwater Propulsion Program/Größeres Unterwasser-Antriebs-Programm

WLM	Coast Guard Cutter, Buoy Tender, Medium/ Küstenwacht-Kutter, mittelgroßer Bojen-Tender
WLR	Coast Guard Cutter, Buoy Tender, River/ Küstenwacht-Kutter, Fluss-Bojen-Tender
WLV	Coast Guard Cutter, Light Vessel/Küstenwacht-Kutter, Feuerschiff
WMEC	Coast Guard Medium Endurance Cutter/ Küstenwacht-Kutter mittlerer Ausdauer
WMEH	Coast Guard Medium Endurance Hydrofoil Cutter/Küstenwacht Tragflügel-Kutter mittlerer Ausdauer
WMSL	Coast Guard Maritime Security Cutter, Large/Maritime Sicherheits-Küstenwacht-Kutter, groß
WMSM	Coast Guard Maritime Security Cutter, Medium/Maritime Sicherheits-Küstenwacht-Kutter, mittelgroß
WOLE	Coast Guard Cutter, Offshore Law Enforcement Vessel/Küstenwacht-Kutter, Offshore Gesetzesdurchsetzungs-Fahrzeug
WPB	Coast Guard Cutter, Patrol Boat/Küstenwacht-Kutter, Patrouillenboot
WPBH	Coast Guard Cutter, Patrol Boat, Hydrofoil/ Küstenwacht-Kutter, Tragflügel-Patrouillenboot
WPC	Coast Guard Cutter, Patrol Craft/Küstenwacht-Kutter, Patrouillenfahrzeug
WPG	Coast Guard Cutter, Gun Boat/Küstenwacht-Kutter, Kanonenboot
WPR	Coast Guard Cutter, River-Gunboat/Küstenwacht-Kutter, Fluss-Kanonenboot
WPSC	Polar Security Coast Guard Cutter/Polarer Sicherheits Küstenwacht-Kutter
WSC	Coast Guard Cutter, Submarine Chaser/ Küstenwacht-Kutter, U-Boot-Jäger
WSES	Coast Guard Cutter, Surface Effects Ship/Küstenwacht-Kutter, Oberflächen-Effekt-Schiff
WTGB	Coast Guard Cutter, Tug, General, (Ice) Breaker/Küstenwacht-Kutter, eisbrechender Schlepper
WTR	Coast Guard Cutter, Training/Küstenwacht-Kutter, Schulschiff
WYP	Coast Guard Cutter, Patrol Yacht/Küstenwacht-Kutter, Patrouillen-Yacht
WYPc	Coast Guard Cutter, Patrol Yacht, coastal/ Küstenwacht-Kutter, Küsten Patrouillen-Yacht
WYT	Coast Guard Cutter, Harbour Tug/Küstenwacht-Kutter, Hafen-Schlepper
WYTL	Coast Guard Cutter, Harbour Tug, Large/ Küstenwacht-Kutter, großer Hafen-Schlepper
WYTM	Coast Guard Cutter, Harbour Tug, Medium/Küstenwacht-Kutter, mittelgroßer Hafen-Schlepper
YAG	Auyillary, General, Yard/Allegemeines Hafen-Hilfsschiff
YMS	Auxiliary Motor Mine Sweeper/Motorgetriebene Hilfsminensucher
YN	Auxiliary Yard Net Laying Tender/Hafen-Netzleger-Tender
YP	Yard/Patrol Craft/Hafen-Patrouillenfahrzeug
YRST	Yard Salvage Craft Tender/Bergungsfahrzeug-Tender
YT	Yard Harbor Tug/Hafenschlepper

Bildquellennachweis

Alle hier verwendeten Fotos und Illustrationen stammen, sofern nicht ausdrücklich anders angegeben, aus für die Öffentlichkeit freigegebenen Beständen der U.S. Navy und sind als Werke der Regierung der Vereinigten Staaten gemeinfrei.
Als Werke der Regierung der Vereinigten Staaten von Amerika gelten Fotografien, die von einem Beamten oder Angestellten der Regierung »als Teil der offiziellen Pflichten dieser Person« hergestellt wurden (»*a work prepared by an officer or employee … as part of that person's official duties*«). Dies trifft auf alle hier veröffentlichten Fotografien zu, d.h. sie stammen in der Regel nicht nur aus den freigegebenen (»declassified«) Archivbeständen der U.S. Navy, in denen sich auch an die U.S. Navy übertragene Fotografien mit komplexerem Copyright-Status befinden könnten, sondern wurden alle von der U.S. Navy selbst hergestellt. Im Allgemeinen sind gemäß Artikel 105 des Urheberrechtsgesetzes solche Werke nach US-amerikanischem Recht nicht urheberrechtlich geschützt und daher gemeinfrei. Sie bedürfen aufgrund dieser Gesetzeslage auch keiner gesonderten Freigabe durch eine Regierungsinstitution.
Einzelne Fotos stammen auch aus anderen Quellen, die dann direkt am Bild angeführt werden.

Literaturverzeichnis (Auswahl)

Neben gedruckten Quellen soll hier auch einige hervorragende Internet-Seiten hingewiesen werden, die für die Erstellung dieses Buches sehr hilfreiche Quellen waren:

- Forum Marinearchiv https://forum-marinearchiv.de
- Naval History and Heritage Command: https://www.history.navy.mil
- NavSource Naval History. Photographic History of the U.S. Navy: https://www.navsource.org
- Shipbuilding History. Construction records of U.S. and Canadian shipbuilders and boatbuilders: http://www.shipbuildinghistory.com
- U.S. Navy Office of Information, Chief of Information: https://www.navy.mil
- Military Analysis Network: https://man.fas.org

Periodisch erscheinende Flottenhandbücher:

Alamanacco Navale, Institut Idrografico della Marina, Genua
Combat Fleets of the World, Naval Institute Press, Annapolis
Flottes de Combat, Editions d'Outre-Mer, Paris
Jane's Fighting Ships, Jane's Publishing Company, London
The Ships and Aircraft of the U.S. Fleet, Naval Institute Press, Annapolis
Weyers Flottentaschenbuch/Weyers Warships of the World, Bernard & Graefe Koblenz (davor J.F. Lehmanns München)

Bücher und Studien:

Arndt, Peter/Schenk, Peter: Deutsche Netzsperrverbände. Berlin 2012
Auer, James E.: The Postwar Rearmament of Japanese Maritime Forces 1945-71. New York 1973
Belknap, Reginald R.: The Yankee Mining Squadron. Or Laying the North Sea Mine Barrage. Annapolis, 1920
Blanton, Stephen Dwight: A Study of the United States Navy's Minesweep-ing Efforts in the Korean War. Texas Tech University in Lubbock, Tex, 1993
Boniface, Patrick: US Navy Warships & Auxiliaries. Including Coast Guard. Annapolis 2019 (4. Ausgabe)
Bruhn, David: Wooden Ships and Iron Men. The U.S. Navy's Ocean Mine-sweepers 1953-1994. Westminster, Maryland 2007
Bruns, Sebastian: US Naval Strategy and National Security: The Evolution of American Maritime Power. London-New York 2019
Cagle, Malcolm W./Manson, Frank A.: Sea war in Korea. Annapolis 1957
Campbell, John: Naval Weapons of World War Two. London 1985
Chilstrom, John S.: Mines Away! The Significance of U.S. Army Air Forc-es Minelaying in World War II. Air University, Maxwell Air Force Base, Ala. 1992
Conway's All the World's Fighting Ships, Vo. I-IV. London 1979-1983
Cowie, J.S.: Mines, Minelayers and Minelaying. London 1949
Cowin, Hugh W.: Conway's Directory of Modern Naval Power 1986. Lon-don 1985
Croizat, Victor: The Brown Water Navy: The River and Coastal War in In-do-China and Vietnam, 1948-1972: River and Coastal War in Indo-China and Vietnam, 1948-72. Dorset 1984
Cutler, Thomas J.: Brown Water, Black Berets: Coastal and Riverine War-fare in Vietnam. Annapolis 1988
Dictionary of American Naval Fighting Ships, Vol. I-VIII. Washington ab 1959 (Herausgeber: U.S. Department of the Navy, Office of the Chief of Naval Operations, Naval History Division; seit 2004 auch Online-Version)
Daniels, Josephus (Secretary of the Navy/ Herausgeber): The Northern Bar-rage and other Mining Activities. Washington 1920
Dietel, Werner: Seefahrts-Wörterbuch/ Dictionay of Nautical Terms. Mün-chen 1964
Donko, Wilhelm M.: Die Atomkreuzer der U.S. Navy. Augsburg 1999
Donko, Wilhelm M.: Landungsschiffe der U.S. Navy seit 1939. Stuttgart 2020Donko, Wilhelm M.: Minensucher der U.S. Navy seit 1920. Stuttgart 2021
Döscher, Jürgen: Die Klassifikation für Schiffe der U.S.-Marine von 1920 bis 200«, Hagen 2001
Doyle, David: US Landing Craft of World War II, Vol. 1: The LCP(L), LCP(R), LCV, LCVP, LCS(L), LCM and LCI: The LCP(L), LCP(R), LCV, LCVP, LCS(L), LCM, and LCI. Atglen, Pa. 2019
Duncan, Robert C.: America's Use of Sea Mines. White Oak, Silver Spring, Md. 1961
Elliott, Peter: Allied Minesweeping in World War II. Annapolis 1979

Fahey, James C.: The Ships and Aircraft of the U.S. Fleet. Annapolis, diverse Jahrgänge
Frieden, David R. (Herausgeber): Principles of Naval Weapons System. Annapolis 1985
Friedman Norman: Naval Weapons of World War One: Guns, Torpedoes, Mines and ASW Weapons of All Nations. Barnsley 2011
Friedman Norman: Seerüstung heute: Entwurf und Konzeption moderner Kriegsschiffe. Koblenz-Bonn 1981
Friedman, Norman: The Postwar Naval Revolution. London 1986
Friedman, Norman: U.S. Destroyers. An Illustrated Design History. Annapolis 1985
Friedman, Norman: U.S. Naval Weapons: Every Gun, Missile, Mine, and Torpedo Used by the U.S. Navy from 1883 to the Present Day. London 1983
Friedman, Norman: U.S. Small Combatants. Annapolis 1987
Friedman, Norman: U.S. Submarines through 1945. An Illustrated Design History, Annapolis 1995
Friedman, Norman: U.S. Submarines since 1945. An Illustrated Design His-tory, Annapolis 2018
Gannon, Michael: Operation Paukenschlag. Der deutsche U-Boot-Krieg gegen die USA. Frankfurt-Berlin 1992.
Gray, Edwin: Die teuflische Waffe. Geschichte und Entwicklung des Torpedos. Oldenburg-Hamburg 1975
Grover, David H.: U.S. Army Ships and Watercraft of World War II. Annapolis 1987
Hahn, Günther: Deutsche Netzleger. Ein unbekanntes Kapitel des Seekrieges 1939–1945 (Marine-Arsenal Band 37), Wölfersheim-Berstadt 1996
Hartmann, Gregory Kemenyi: Weapons That Wait. Mine Warfare in the U.S. Navy. Annapolis 1991
Hofbauer, Bruno G.: Moderne Seemacht. 3 Bände (Truppendienst-Handbuch). Wien 2015-2017
Howarth, Stephen: To Shining Sea: A History of the United States Navy 1775-1989. New York 1991
Jordan, John: An Illustrated Guide to the Modern U.S. Navy. London 1982
Killi, Hendrik: Minensucher der deutschen Marine, Hamburg 2002
Kirk, John/Klein, Aaron: Ships of the US Navy. London 1987
Kowalzick, Lutz A./ Donko, Wilhelm M.: Patrouillenschiffe der U.S. Navy seit 1939. Stuttgart 2022
Kowalzick, Lutz A./ Donko, Wilhelm M.: Schiffe der U.S. Coast Guard seit 1915. Stuttgart 2023
Ledebur, Gerhard von: Die Seemine. München 1977
Lenton, H.T./Colledge, J.J.: Warships of World War II. London 1973
Lenton, H.T.: American Fleet and Escort Destroyers, Vol. I-II. London 1971
Lenton, H.T.: American Gunboats and Minesweepers. London 1974
Lott, Arnold S.: Most Dangerous Sea: A History of Mine Warfare and an Account of U.S. Navy Mine Warfare Operations in World War II and Ko-rea. Annapolis 1959
Love, Robert W. (Herausgeber): The Chiefs of Naval Operations, Annapolis 1980
Lund, Paul: Out Sweeps! Story of the Minesweepers in World War II. London-New York 1978
Melia, Tamara Moser: Damn the Torpedoes: A Short History of U.S. Naval Mine Countermeasures, 1777-1991. Washington 1991
McElroy, Paul: The Mining of Wonsan Harbor, North Korea in 1950: Les-sons for Today‘s Navy (Studie, 1999).
Morison, Samuel E.: History of the United States Naval Operations in World War II, Vol. I-XV. Boston 1947-1960
Morison, Samuel E.: The Two-Ocean War: A Short History of the United States Navy in the Second World War. Boston-Toronto 1963
Morison, Samuel L./ Rowe, John S.: Warships of the U.S. Navy.London 1983
Musgrove, H.E.: U.S. Naval Ships Data arranged by Hull Classification, 5 Bände. Florissant 1975-1985
Nicholson, Arthur: Very Special Ships: Abdiel-Class Fast Minelayers of World War Two: Annapolis 2015
Office of Naval Intelligence (ONI): US Naval Vessels 1943 (ONI-222 Series). Originalausgabe 1.9.1945
Ostertag Reinhart, Deutsche Minensucher.80 Jahre Seeminenabwehr. Herford 1986
Potter, Jürgen/ Nimitz, Chester W./ Rohwer, Jürgen: Seemacht - Von der Antike bis zur Gegenwart, München 1974
Reilly, John C.: United States Navy Destroyers of World War II (hgg. Von Frank D. Johnson). Dorset 1983
Rottmann, Gordon: Landing Craft, Infantry and Fire Support. Oxford 2009
Ruge, Friedrich: Im Küstenvorfeld. München 1974
Sawyer, L.A./Mitchell, W.H.: The Liberty Ships. London-New York-Hamburg-Hong Kong 1985
Sayers, Ken W.: U.S. Navy Minecraft: A History and Directory from World War I to Today. Jefferson, N.C. 2023
Scheina, Robert L.: U.S. Coast Guard Cutters & Craft of World War II. An-napolis 1982
Scheina, Robert L.: U.S. Coast Guard Cutters and Craft: 1946-1990, Annap-olis 1990
Silverstone, Paul H.: U.S. Warships of World War I. London 1970
Silverstone, Paul H.: U.S. Warships of World War II. London 1965
Silverstone, Paul H.: U.S. Warships since 1945. London 1986
Terzibaschitsch, Stefan: Schiffe und Flugzeuge der U.S. Flotte. München 1965
Terzibaschitsch, Stefan: Die Luftwaffe der U.S. Navy und des Marine Corps. München 1974
Terzibaschitsch, Stefan: Seemacht USA: Rüstung, Organisation, Dislozierung, Entwicklung (2 Bände). Bonn, 1981

Terzibaschitsch, Stefan: Die Flugzeuge der U.S. Navy, des Marine Corps und der Küstenwache. Koblenz-Bonn 1980 (1988)
Terzibaschitsch, Stefan: Kreuzer der U.S. Navy von der Omaha-Klasse bis zur Long Beach. Herford 1984
Terzibaschitsch, Stefan: Zerstörer der U.S. Navy von der Farragut-Klasse bis zur Forrset Sherman-Klasse, Herford 1986
Terzibaschitsch, Stefan: Geleitschiffe der U.S. Navy von der Evarts-Klasse bis zur Claud-Jones-Klasse. Herford 1988
Terzibaschitsch, Stefan: Comeback der Iowa-Klasse. Die amerikanischen Schlachtschiffe von 1941 bis heute. Bonn 1989
Terzibaschitsch, Stefan: U-Boote der US Navy. Herford 1990
Terzibaschitsch, Stefan: Submarines of the US Navy. London 1991
Terzibaschitsch, Stefan: 70 Jahre Flottenhilfsschiffe der U.S. Navy. Leon-berg 1993
Terzibaschitsch, Stefan: 50 Jahre Amphibische Schiffe der U.S. Navy. Le-onberg 1995
Terzibaschitsch, Stefan: Hafen-, Depot- und andere Dienstfahrzeuge der U.S. Navy. Leonberg 1997
Terzibaschitsch, Stefan: Flugzeugträger der U.S. Navy. Flottenflugzeugträ-ger, Geleitflugzeugträger. Bonn 1999
Terzibaschitsch, Stefan: Kampfsysteme der U.S. Navy. Hamburg 2001
Terzibaschitsch, Stefan: Die Schiffe der U.S. Navy. Hamburg 2002
Terzibaschitsch, Stefan: DieAEGIS-Zerstörer-Klassen DDG-51 und DDG-79 der U.S. Navy. Leonberg 2003
Thiesler, Heiko: Hubschrauber der US Navy, Marines und Coast Guard. Stuttgart 2020
Turner, John Frayn: Service Most Silent. The Navy‘s Fight Against Enemy Mines. London 2008
Uhlig, Frank: Vietnam: The Naval Story. Annapolis 1986
Wetterhahn, Armin: US Standard-Fracht und Passagierschiffe 1938–1956. Hamburg 1957
Whitehurst Clinton H.: U.S. Shipbuilding Industry: Past, Present, and Fu-ture. Annapolis 1986
Whitley, M.J.: Zerstörer im Zweiten Weltkrieg. Stuttgart 1991
Williams, Greg H.: World War II U.S. Navy Vessels in Private Hands. The Boats and Ships Sold and Registered for Commercial and Recreational Pur-poses Under the American Flag. Jefferson 2012